日常管理の

基本

トラブル・事故・

不祥事の防止

中條　武志　著

日科技連

まえがき

　最近、さまざまな分野においてリコール、事故、不祥事の報道を聞くことが多くなった。これらの品質トラブル・事故・不祥事の原因や対策については、多くの議論がなされているが、その中には、トラブル・事故・不祥事、人の行動、マネジメントの関係が適切に理解されていないのではないか、と首をかしげたくなるものもある。他方、マネジメント、TQMの分野について見ると、経営環境の変化を追いかけることに忙しく、顧客・社会のニーズと組織の持つシーズ（技術、リソースなど）を結びつけて価値を作り出すことを基本とし、ニーズやシーズの変化に対応できる、さらには変化をチャンスと捉えて仕事のやり方を変えていくことのできる組織能力をつくる大切さが忘れさられている面が見受けられる。TQMをもっとまじめに取り組むことが一番の対策ですよと言ってみても、その真意を理解してもらうのが難しいと感じることが少なくない。

　このような現状の認識のもと、2020年10月に刊行した品質月間テキストNo.448『日常管理の基本』では、トラブル・不祥事・事故の原因を掘り下げると、ルールを決めて守る、異常（通常と異なる事象）を見つけて職場の全員で共有し、その原因を追究して再発防止を図るという日常管理の基本が徹底できていない場合が多いことに着目し、トラブル・不祥事・事故の防止と日常管理の2つを取り上げ、両者を関連づけて解説した。お陰様で好評をいただき、「日常管理について、より詳しく知りたい」とのご要望をいただいた。本書は、これに応えるために、上記の月間テキストに大幅に加筆・修整を加え、単行本化したものである。

　第1章では、トラブル・事故・不祥事が発生するメカニズムについて、人の行動の側面から説明する。そのうえで、第2章では、人の行動を変える方法論としてTQMを捉え、その全体像を説明する。また、TQMの中で主要な役割を果たす日常管理とは何か、標準化と標準、管理項目と管理水準などの日常管理のベースとなる考え方について概説する。第3章では、これらを踏まえて、日常管理の具体的な進め方についてわかりやすく解説する。最後の第4章では、組織において日常管理を推進する際の留意点をまとめるとともに、デミング賞などの品質賞を受賞した組織を取り上げ、先進企業における日常管理の実践例を紹介する。

　本書は、人間信頼性工学やTQMについて従来あまり馴染みのなかった人を主な読者として書いている。そのため、より詳細な説明については不足している部分も少ない。詳細な部分を省略しているために、わかりづらくなっている部分もあるが、これらについては、それぞれの分野の専門書を参照していただきたい。

　上記のうち、第1章のトラブル・事故・不祥事が発生するメカニズムについては、さまざまな分野における人に起因するトラブル・事故・不祥事の防止について多くの方々と議論してきた内容をまとめたものである。また、第2〜3章のTQMや日常管理の説明は、日本品質管理学会における一連のJSQC規格、特にJSQC-Std 32-001：2013「日常管理の指針」を開発した際に原案作成委員会のメンバーと議論した内容が元になっている。さらに、第4章の実践例の説明は、デミング賞や日本品質奨励賞の審査に携わらせていただいた経験がベースになっている。また、本書の出版にあたっては、日科技連出版社の石田新氏に大変お世話になった。この場を借りて、これらの各位に対して心から感謝申し上げる次第である。

　本書が人の不適切な行動に起因するトラブル・事故・不祥事の防止、日常管理、さらには TQM による組織能力の向上に取り組む多くの人にとって日ごろの活動を見直す一つの契機となれば幸いである。

2021 年 11 月

中央大学理工学部ビジネスデータサイエンス学科

教授　中條　武志

目　次

トラブル・事故・不祥事が発生するメカニズム

■1.1　問題解決を繰り返すと

　組織や社会で発生している最近のトラブルや事故、不祥事を調べてみると、その多くに人の不適切な行動が関わっていることがわかる。

　技術が未熟なときには、仕事に関するノウハウ、すなわちプロセスと結果の間の因果関係、プロセスに対してとることが望ましい対策などに関する十分な知見がないために、問題(結果がねらいから外れる事象)が発生する。そこで、データを集めて解析を行い、今までわかっていなかった原因に気付く。原因がわかればしめたもので、その原因が起こらないような、または起こっても大丈夫なような工夫をプロセスに対して行う。このようなことを繰り返した結果、プロセスに関するノウハウの蓄積・活用が進み、それに伴って問題の発生率はどんどん下がっていく。

　例えば、「材料の強度よりも強い負荷がかかると壊れる」ことがわかっていなかったとする。当然であるが、材料にかかる負荷の大きさを気にしないで設計や計画を行うため、事故やクレームが発生する。このとき、破断箇所や破断方向など、「負荷の大きさ」に関係する分類を横軸にとってパレート図を書けば、図1.1(a)のパレート図が得られる。そこで、パレート図の上位の事象(例えば、問題A)に焦点を絞ってデータを集めていろいろな分析を行い、「材料の強度＜負荷の大きさ」のときに破壊が起こっていることに気付く。原因がわかれば対策は単純で、「材料の強度＞負荷の大きさ」となるように設計・計画を行えばよい。これによってパレート図は図1.1(b)になる。

　ところが、プロセスに関するノウハウにはまだまだ不足があり、材料の強度より小さい負荷でもそれが繰り返しかかると疲労破壊が発生することがわかっていなかったとする。負荷の大きさについては設計や計画で配慮しているので、パレート図を書いても図1.1(b)にしかならない

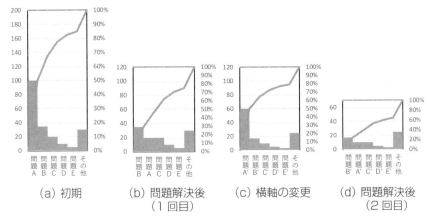

図 1.1　問題解決を繰り返すことによるパレート図の変化

が、「負荷の回数」に関係する分類を横軸にとってパレート図を書くと図 1.1(c) になる。そこで、パレート図の上位の事象に焦点を絞って解析を行って対策をとると、パレート図は図 1.1(d) になる。

　このような問題解決を繰り返すことで、プロセスに関するノウハウはどんどん増えていく。理論的には、ノウハウの増加に伴って、問題の発生頻度は限りなく 0 に近づいていくはずなのであるが、そうはならず、あるところで下げ止まってしまう。これは、問題解決が進み、設計・計画段階で検討すべきノウハウが増えるにつれて、それらすべてをカバーすることが難しくなり、ノウハウの考慮漏れ・考慮不足が発生するからである。世代交代によって、仕事を担当する人が当該のノウハウに関わる問題を直接経験したことのない人になれば、この傾向はますます強くなる。

　上記のメカニズムによって発生する問題は、ノウハウの不足によるものではなく、人間が一定以上のものを考慮できないために起こるので、技術的に特定の領域に集中して発生せず、さまざまなところで散発的に発生する。結果として、パレート図の横軸の問題の分類をいろいろ変え

てみても図 1.1（d）の形にしかならない。それでも何もしないよりはと、上位の問題を取り上げて解析してみると、その原因や対策が職場、組織または社会としてはすでにわかっているものだったということが判明する。漏れていた・不足していた対策を行うことで取り上げた問題は解決できるものの、またどこか別のところでノウハウの考慮漏れ・考慮不足による問題が起こる可能性は残ったままとなる。

　このような状況が起こるのは問題の発生頻度が相当低くなった場合なので、「後は発生した問題に個別に対応することで十分ではないか」、「新人にとってはむしろよい勉強の機会になるのではないか」、という人がいるかもしれない。現在の社会では、顧客・社会のニーズに応えるためにどんどん新しい技術が開発されていて、それに伴ってプロセスに関するノウハウも着実に増えている。これは、コップに水が入りきらず溢れている状態のところにさらに水を足しているようなものである。結果として、すべてのノウハウを完璧に守って仕事をすることがだんだん難しくなり、仕事を担当する人のちょっとした不適切な行動（ノウハウからの逸脱）が頻繁に見られるようになる。この状態を放置すると、一つひとつは大したことのないこれらの行動が重なって重大なトラブルや事故、不祥事が起こる。これがさまざまな職場・組織で起こっているのが最近の状況である。

　本章では、トラブル・事故・不祥事と本書の主題である「日常管理」の関係を理解するために、人の不適切な行動によってトラブル・事故・不祥事が発生するメカニズムについて考えてみよう。

コラム1　プロセス、およびプロセスに関するノウハウ

　マネジメントでは「プロセス」という言葉が頻繁に出てくる。プロセスとは、**図1.2** に示すようにインプットを受け取り、これに何らかの

図 1.2　プロセスの概念

価値を付加してアウトプットを生成する相互に関連したひとまとまりの資源および活動を指す。ただし、ここでいうインプットおよびアウトプットにはハードウェアだけでなく、ソフトウェア、サービス、エネルギー、情報などが含まれる。また、資源には人、設備、方法などが、活動には人の行動や設備の動作などが含まれる。

　例えば、前工程から部品を受け取って組み立て、後工程に引き渡すのもプロセスなら、市場調査結果に基づいて製品企画書を作るのもプロセスである。また、顧客を訪問し、製品・サービスの提案を行うのもプロセスであり、設計部門が作った図面に基づいて部品の購入先を決めるのもプロセスである。このように考えると、組織および社会で人間が行っていることは、すべてプロセスおよびそのネットワークとして捉えられる。

　プロセスに関するノウハウとは、

① 　アウトプットを望ましい結果にするにはどんなプロセスを考えるのがよいのか。

② 　アウトプットに大きな影響を与えるプロセスの条件(インプット、資源、活動など)は何か。

③ 　これらの条件とアウトプットとの間にどんな定性的・定量的な因果関係があるか。

④ 　制約を満たしながらアウトプットを望ましい結果にするにはプロセスの条件をどのようにコントロールすればよいか。

などに関する知見である。一般には「技術」と呼ばれるが、本書では、ハードウェアに関する知見だけだ、という誤解が生じないよう、あえて「ノウハウ」という言葉を使っている。

▌1.2　局所要因と組織要因

　人が、うっかり間違える、まあ大丈夫だろうと意図的にルールを守らない、知識・スキルのない人が仕事をするなど、仕事に関する過去のノウハウから見ると不適切と思われる行動をとるのはどうしてであろうか。

　本人の注意力、意識、知識・スキルなどは一つの要因（原因の候補）であるが、手順、設備・機器、帳票、環境、周りの人の行動なども要因となる。例えば、Ａさんがうっかり買い物を忘れた原因を考えてみると、Ａさん自身の不注意もあるが、買い物をする順番、買い物メモ、売場の騒音、友達に会ったことなども影響する。人の行動に直接影響を与えるこれらの要因は、「局所要因（直接原因）」と呼ばれる。

　その意味では人の不適切な行動を防ぐには、局所要因を適切な状態に保つことが大切であるが、それができないのはマネジメントが適切に行えていないからである。例えば、先の買い物の例でいえば、失敗した理由は、うっかり忘れることを防ぐために、売り場の騒音や友達に会うことなども考慮し、買い物をする順番、買い物メモなどについてどうするかを計画し（Plan）、計画したとおりに実施し（Do）、うっかり忘れることがないかどうか結果をチェックし（Check）、結果がねらいどおりでない場合には買い物のやり方に関する改善・工夫を行う（Act）というマネジメントが行えていなかったからだ、といえる。局所要因を適切な状態に保つためのマネジメントのまずさは、「組織要因（根本原因）」と呼ばれる。

　このような関係をＪ・リーズンのスイスチーズモデル[1]を参考に模式図に表すと**図1.3**のようになる。この図は、トラブル・事故・不祥事が人の不適切な行動が重なって起こること、一つひとつの不適切な行動は局所要因やそれらの背後にある組織要因によって引き起こされることを

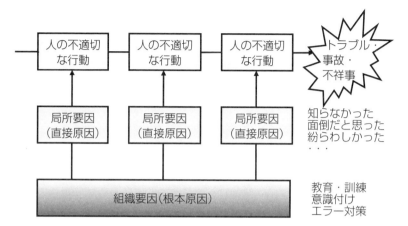

出典）　ジェームズ・リーズン著、塩見弘監訳：『組織事故—起こるべくして起こる事故からの脱出』、日科技連出版社、1999 年、p.21、図 1.6 をもとに作成

図 1.3　トラブル・事故・不祥事、人の不適切な行動、局所要因、組織要因の関係

示している。トラブル・事故・不祥事の中には、プロセスに関するノウハウが不足していたために起こったものもあるが、ノウハウが増えてくると、人が過去のノウハウから見ると適切でない行動をとったことによるものが次第に多くなる。また、これらを引き起こした局所要因の中にはマネジメントによって適切な状態に保つことが難しいものもあるが、処置が取れる局所要因が一つもない場合はほとんどない。そう考えると、問題解決を繰り返した結果、プロセスに関するノウハウが増え、結果としてそれらの考慮漏れ・考慮不足による人の不適切な行動が起こり、トラブル・事故・不祥事が生じている場合には、図 1.3 を頭において、人の不適切な行動を防ぐマネジメントに取り組むことが、トラブル・事故・不祥事を防ぐための近道といえる。

コラム 2　ヒューマンファクター

ヒューマンファクター（Human Factor：人的要因）は、人の不適切

な行動を引き起こす要因である。これにはさまざまなものが含まれるため、**図1.4**に示すm-SHELモデルを用いて説明される場合が多い。ここで、大文字のS、H、E、L、Lは

Software：従っている手順、使用している資料・情報などに関する条件

Hardware：使用している機器・設備などに関する条件

Environment：照明、騒音、温度、湿度、作業空間の広さなどに関する条件

Liveware（周りの人）：不適切な行動を行った人の上司や同僚などの行動

Liveware（本人）：不適切な行動を行った人の身体能力、知識・スキル、意識などに関する条件

を表している。これらは人の不適切な行動を引き起こす直接の原因となり得るものであり、局所要因と呼ばれる。他方、小文字のmはこれら局所要因を適切な状態に保つためのmanagement（マネジメント）に関する要因であり、組織要因と呼ばれる。

　ヒューマンファクターをより詳細化したものは、パフォーマンス形成要因（Performance Shaping Factor：PSF）やエラー発生条件（Error Producing Condition）と呼ばれることもある。

図1.4　m-SHELモデル

▊1.3　人の不適切な行動のタイプ

　人の不適切な行動と局所要因・組織要因との関係を考える場合、人の不適切な行動のタイプを区別することが大切である[2][3]。**表 1.1** は 4 つの人の不適切な行動のタイプとそれぞれに関係する主要な局所要因と組織要因を一覧表にまとめたものである。

　例えば、1 時間かかる仕事を 10 分で終わらせる計画を立てる、工程のばらつきを考えないで顧客の注文を引き受ける、障害物があってよく見えないのに目視で点検するなどは、「人間の能力範囲を無視した行動」である。また、職場に配属されたばかりの新人や応援者がすぐに作業を

表 1.1　人の不適切な行動のタイプと関連する局所要因・組織要因

人の不適切な行動	局所要因	組織要因
人間の能力範囲を無視した行動	要求される行動＞人間の能力範囲	• 製品・サービス、機器・設備、工程などを設計・計画する人に「作業を設計する」という考え方がない。 • 設計や計画を行う人が人間の能力範囲について十分な知識をもっていない。
知識・スキル不足の行動	作業に必要な知識・スキル＞担当者の知識・スキル	• 作業に必要な知識・スキルが曖昧。 • 一人ひとりがもっている知識・スキルが不明確。 • 必要な教育・訓練を行わない、不足している。 • 知識・スキルを考慮した仕事の割当てをしていない。
意図的な不遵守	ルールを守る手間・悪影響＞ルールを守る効用（事実＋担当者の意識）	• 作業の複雑さや実施の容易さを考慮していない。 • 権限を委譲する場合、問題が発生した場合のことを考えていない。 • 意識の偏りを防ぐ取組みをしていない。
意図しないエラー	注意力の低下×エラーしやすい作業方法	• エラー防止のために作業方法を工夫・改善することが必要という認識が薄い。 • 作業方法のエラーしやすさに気づけていない。 • 作業方法を工夫・改善する方法を全員に教えていない。

担当する、資格の必要な仕事を資格のない人が行う、標準が改訂された
ことを知らないまま仕事を続けるなどは、「知識・スキル不足の行動」
である。さらに、急いでいたため決められた通路を通らないで近道をす
る、アラームが鳴ったがさっきは誤報だったので今度も同じだと思って
確認しない、短時間なら大丈夫だと安全帯を着けずに高所作業をするな
どは、「意図的な不遵守」である。また、うっかり書類を持ってくるの
を忘れる、似た部品を取り違える、意図せずに操作パネルのスイッチに
触れるなどは、「意図しないエラー」である。

　これら4つのタイプは、表1.1 に示したように関係する局所要因や組
織要因がそれぞれ異なる。このため、タイプの違いを意識して防止の取
組みを行わないと、十分な効果が得られない。例えば、意図しないエ
ラーが問題となっている場合に、トラブル・事故・不祥事の事例を話し
てみんなに注意してもらおうとしても、また、知識やスキルを身に付け
てもらうための教育・訓練を繰り返してみても、原因であるエラーしや
すい作業方法やそれを生み出したマネジメントのまずさは改善されない
ので、効果は得られない。逆に、意図的な不遵守が問題の場合に、間違
えにくいように手順を工夫したり、間違えたらアラームがなるような設
備を導入したりしても、仕事を担当する人がそれらの手順や設備の必要
性が納得できていなければ、面倒だと無視されるだけになる。さらに、
知識・スキル不足の行動が問題になっている場合に、エラー対策やルー
ルを守る意識付けを行ってみても、一人ひとりの知識・スキルは向上し
ないので、繰り返し類似の問題が起こることになる。

　人の行動に起因するトラブル・事故・不祥事への対応をより難しく
しているのは、表1.1 に示したような「悪意のないノウハウからの逸脱
（失敗）」に加えて、情報のクラッキングやフードテロ、横領など、自分
を利するために他の人に害を加えることを意図した行動、「悪意のある
ノウハウの活用（犯罪）」もあることである（図1.5 参照）。このような犯

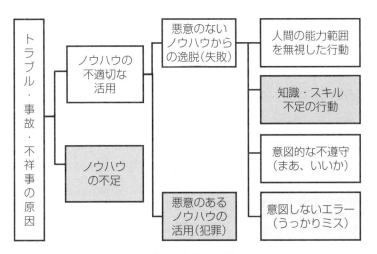

図 1.5 トラブル・事故・不祥事の原因

罪と「意図的な不遵守」の境目は曖昧で、明確な線を引くことは容易ではない。また、法律から見ると、「意図しないエラー」によるトラブル・事故・不祥事も、必要な注意義務を怠ったということでエラーした人が責任を問われる可能性があり、このことが、局所要因や組織要因を追究するうえで必要な情報を関係者が話すことを妨げている場合も少なくない。さらに視野を広げれば、職場・組織・社会にノウハウがないために起こっているトラブル・事故・不祥事もある。これらについては人の行動に着目した原因の掘り下げを行っても意味がない。むしろ、どの領域においてノウハウの不足があるのかを明確にしたうえで、具体的な問題に焦点を絞り、さまざまな調査・分析、実験などを通して今まで知られていなかった新たなノウハウを見出すことが大切である。

　したがって、トラブル・事故・不祥事を防ぐには、図1.5に示したような性質の異なる問題が混在しており、それらを区分することが容易でないことを理解したうえで、自職場・自組織において着目すべき主要な原因のタイプは何かを明確にする必要がある。また、そのような中、技

術の進歩とともに「悪意のないノウハウからの逸脱（失敗）」が次第に増
える傾向があることを考慮し、表 1.1 に示した人の不適切な行動、局所
要因、組織要因の関係を解き明かし、適切なマネジメントを実践してい
かなければならない。正にここに、最近の品質トラブル・事故・不祥事
を防ぐ難しさがある。

コラム 3　工程と作業

　IE(Industrial Engineering、生産工学)は、工程（プロセス）や作業を
科学的に分析して、生産やサービス提供を効果的・効率的なものにする
方法である。

　ここでいう工程（プロセス）とは、モノ、情報、エネルギーなどが変
換・処理される過程、または人に対して行われるサービス提供の過程
に着目し、これをいくつかの段階に区切ったものである。IE において、
工程（プロセス）を対象に行われる分析は工程分析と呼ばれる。代表的な
手法としては、工程分析図、オペレーション・プロセス・チャート、フ
ロー・プロセス・チャート、流れ線図（フロー・ダイヤグラム）などがあ
る。

　他方、作業は、人が工程（プロセス）の中でモノ、情報、エネルギー、
人などの対象に対して行っている行動に着目し、これをいくつかの段
階に区切ったものである。IE において、作業を対象に行われる分析は
作業分析と呼ばれる。代表的な手法としては、動作研究、時間研究、
PTS 法、連合作業分析などがある。

　一般に、1 人の人が生産やサービス提供を行っている場合、または複
数の人がラインを組んで生産やサービス提供を行っている場合には、工
程（プロセス）と作業が一体のものになっており、工程（プロセス）をより
細かく分けたものが作業となる。他方、装置を用いて生産やサービス提
供を行っている場合には、工程（プロセス）と作業の流れは別々のものと

なる。医療・福祉や小売業のように複数の人が分業して複数の人にサービスを提供している場合も同様である。

　人が職場や家庭で行っていることをすべて「作業」と呼ぶのは多少抵抗があるが、本書では、煩雑さを避けるため、人が身体や頭を使って行う仕事をまとめて「作業」と呼んでいる。

▌1.4　人の不適切な行動が起こるメカニズム

　前節では、人の不適切な行動の４つのタイプを説明した。ここではそれらを一つひとつ取り上げ、各々が起こるメカニズムについてもう少し掘り下げてみよう。

（1）　人間の能力範囲を無視した行動が起こるメカニズム

　人間の能力範囲を無視した行動の局所要因は、作業において要求される行動が人間の能力範囲を超えていることである。これは、今までに行ったことのない新しい仕事に取り組む場合に頻繁に見られる。どんなプロセスでも所詮は人間が行うものであるから、よく見ると過去に経験済みの作業の組合せでできている部分が多い。したがって、それらの作業に関する既知のノウハウを適切に活用すれば、人間の能力範囲を超えているかいないかがわかる。ところが、プロセスの中身をよく検討せず、曖昧なままにしている場合が少なくない。

　それでは、どうすればこのような人間の能力範囲を無視した行動を防止できるであろうか。基本的には、新しい仕事を行う場合、プロセスの中身をきちんと考え、過去に経験済みの作業の組合せとして捉えられる部分を明らかにし、それらに関するノウハウを活用して人間の能力範囲を超える部分がないかどうか、超える部分があればどう回避するかを検討すればよい。

　ただし、科学的アプローチの重要性を理解しない、すなわち望ましい結果を効果的・効率的に得るためには、結果のみを追うのでなく、結果を生み出すプロセスに着目し、これをよりよいものにする必要があることを納得していない人は、「頑張れば何とかなるだろう」とプロセスの中身を曖昧にしていることに疑問を抱かない。

　また、どんなプロセスでも、その大部分は過去に経験済みの作業の組合せでできていることが理解できておらず、「やってみなければわからない」、「やったことのないプロセスについて詳しく検討しても時間のムダだ」と考える人も少なくない。

　さらに、一般には、仕事を指示する上位の管理者と当該のプロセスを行う下位の担当者が異なるため、上位者はプロセスの内容をよく知らないまま指示を出し、下位者は上位者を煩わせたくないという気持ちから、行わなければならないプロセスの中身について上位者と相談しないまま指示を受ける場合が多い。そして、このような指示・命令におけるコミュニケーションのまずさが、曖昧なプロセスが放置される一因になっている。社会における変化のスピードが早くなり、新たな仕事が増え、そのためのプロセスを検討するための時間を確保することが難しくなるにつれて、このような傾向がますます強くなる。

　以上の難しさを考慮すると、人間の能力範囲を無視した行動やそれらに起因するトラブル・事故・不祥事を防ぐには、職場・組織で働く全員の協力を得ながら、次のマネジメントを実践することが大切になる。

①　具体的な活動への参画を通じて、プロセスを改善・維持向上することで望ましい結果を効果的・効率的に達成することができるという、科学的アプローチの有効性についての成功や失敗の体験を得る。

②　さまざまなプロセスをプロセスフロー図などにより表現する研修や実務を通して、どのようなプロセスでもその大部分は過去に経験

済みの作業の組合せでできていることを納得する。

③　指示・命令の場において、上位者と下位者が目的とする結果だけでなく、それを達成するためのプロセスについて真摯に議論する。

このうち、①や③は、第2章でその概要を説明する TQM の活動要素である「小集団改善活動」や「方針管理」と関連が深い。また、②は、第3章で詳説する「日常管理」と関連が深い。

(2)　知識・スキル不足の行動が起こるメカニズム

知識・スキル不足の行動を引き起こす局所要因は、作業を担当する人の知識・スキルがその作業に求められる知識・スキルよりも低いことである。その意味では、当該の作業者を担当から外したり、必要な知識・スキルを身に付けるための教育・訓練を行ったりすれば、問題はすぐに解決する。ただし、これだけでは発生した現象を取り除くだけの後追いの対策にしかならない。次から次へと類似の問題が発生し、そのうち重大なトラブル・事故・不祥事を起こすことになる。

それでは、どうすればこのような局所要因が生じることを防止できるであろうか。第一に、行わなければならない作業を明らかにしたうえで、その作業に必要な知識・スキルが何かを明確にする必要がある。また、作業を担当する一人ひとりがもっている知識・スキルを評価し、作業に必要な知識・スキルに対して不足が生じていれば、それを補うための教育・訓練を行う必要がある。さらに、教育・訓練を行って一人ひとりの知識・スキルを向上させるには時間がかかることを理解し、知識・スキルの条件を満たしている人だけが当該の作業を行うような資格制度を確立・運用する必要がある。

ただし、このような取組みを、多くの人がさまざまな作業を行っている中で抜け落ちなく行わなければならないところに難しさがある。この難しさは組織の規模が大きくなるほど、関連するバリューチェーンが長

くなるほど大きくなる。

　また、職場・組織を取り巻く環境の変化が激しくなるにつれて、新製品・新サービスの導入、生産・サービス提供数の変更など、変化に対応してプロセスを柔軟に変えていくことが求められ、上に述べた取組みを短期間で行える能力を組織がもっていることが必要になる。抜け落ちのない取組みを継続的に行うと同時に、中長期的な視点に立って変化への対応力の向上を図る必要があることも難しさの一つである。

　さらに、技術の進歩に伴って行わなければならない仕事の内容も、モノやエネルギーを対象にする定型的な業務から情報や人を対象にした非定型の業務に変わっており、このような業務についての知識・スキルをどのように定め、評価するかも重要な課題になっている。

　以上の難しさを考慮すると、知識・スキル不足の行動やそれらに起因するトラブル・事故・不祥事を防ぐには、職場・組織で働く全員の協力を得ながら、次のマネジメントを実践することが大切になる。

① 　あらゆる作業と人について、必要となる知識・スキル、もっている知識・スキルを明確にし、両者の不整合が生じないようにするための教育・訓練の仕組みと資格制度を確立し、運用する。

② 　作業や作業に求められる知識・スキルの変化に対応して、必要な知識・スキルをもつ人を迅速に育成・確保できる、職場・組織の能力を評価し向上する。

③ 　情報や人を対象とする非定型の業務をモデル化し、それに必要な知識・スキルを定め、評価する方法を明らかにするとともに、このような業務における知識・スキル不足の行動と教育・訓練との関連を明確にし、効果的・効率的な教育・訓練の方法を開発する。

　これらの詳細については、第 3 章において日常管理のための活動の一環として説明する。なお、①～③のマネジメントを行うためには、その前提として作業の内容が明らかになっている必要がある。したがって、

本節(1)で述べた人間の能力範囲を無視した行動を防ぐマネジメントが行えていないと、知識・スキル不足の行動を防ぐマネジメントは適切に行えないことになる。

(3)　意図的な不遵守が起こるメカニズム

　意図的な不遵守が発生するメカニズムをどう捉えるかについては、いろいろな考え方があるが、**図 1.6** に示すように、「ルールを守ることによる効用」と「ルールを守るための手間・悪影響」を秤にかけ、前者よりも後者が大きいと守らなくなる、というのが一般的な考え方である[4]。

　ただし、ここで気をつけなければならないのは、守る・守らないの判断をする人が、ルールを守ることによる効用やルールを守る手間・悪影響を必ずしも正しく認識できていないことである。例えば、よく知らない方法だと、実際にはそれほど手間がかからないのに、なんとなく大変なように感じてしまう。また、めったに起こらない事故の危険性や、直接の関わりのない人の関心ごとや困りごとについては、なかなかその重大さを実感できない。

　それでは、どうすればこのような意図的な不遵守を防止できるであろうか。最近の不祥事の対策としてよく聞かれるのは、

　① 担当者に判断させない方法にする(自動化など)

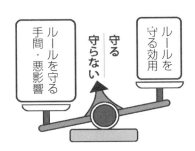

図 1.6　ルールを守る効用と手間・悪影響のバランス

② 　コンプライアンス教育を強化する

③ 　第三者が監視し守っていない者を処罰する

などであるが、これらは、合理的に行動しようとする人間の特性によって意図的な不遵守が引き起こされるメカニズムから考えると、「何も考えずルールに従え」という無理な相談をしていることになる。

　他方、図1.6 において、ルールを合理的なものにすることで右側の効用を大きくし、左側の手間・悪影響を小さくする。そのうえで、仕事を担当する人が効用や手間・悪影響を正しく認識できるようにすれば、天秤は自然に右に傾き、黙っていてもみんながルールを守るようになる。急いでいても決められた通路を通るようになり、アラームが鳴ったら必ず確認に行き、高所作業をするときは必ず安全帯を着けるようになる。

　ただし、このような人間の合理的な判断に基盤をおいたアプローチの難しいところは、ルールを定める場合に、その効用と手間・悪影響を評価し、効用が大きく、手間・悪影響が小さくなるようにする必要があることである。しかも一般に、効用や手間・悪影響の大きさは、状況（例えば、通常どおり業務が進んでいるときと異常が発生したときなど）によって変わるため、効用や手間・悪影響を適切に評価するには、起こり得るさまざまな異常の状況を想定しなければならない。

　また、もう一つの難しさは、上位の管理者が指示を出し、下位の担当者がプロセスを実行するという仕事の進め方の中では、ルールの効用と手間・悪影響に関する認識の偏りは次第に大きくなる傾向をもつということである。図1.7 はこれを模式的に表したものである。通常どおり進んでいるときには、当該の仕事を効率的に行うために業務のルール化と権限の委譲が進む。これに伴って、上位の管理者は当該の業務に対する責任意識が次第に薄くなるとともに、下位の担当者はルールの効用についての認識が薄くなり、ルールを守る手間・悪影響についての認識のみが強くなる。この傾向は、業務の内容が複雑で非効率であればあるほ

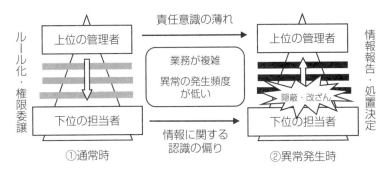

図 1.7　効用と手間・悪影響に関する認識の偏りと隠蔽・改ざん

ど、異常の発生頻度が低いほど、促進される。そのような中で通常と異なる事象が発生すると、組織の各階層で自己の責任・権限の範囲で対処できるかどうかが逐次的に検討され、できる限り下位の担当者の範囲で処理しようとする。また、処置をとるべき上位の管理者は自分にその責任があることの認識がなく、必要な処置をとるのが遅くなる。結果として、下位の担当者が情報の隠蔽・改ざんを行わざるを得ない状況が生じる。

　さらに、努力をしないと、一人ひとりがルールを守る効用と手間・悪影響をどのように認識しているのかがわからないという難しさもある。アンケートや聞き取り、行動観察を行えば、各人がどう思っているかを把握できるのだが、そのためには、みんなが汗をかくことが必要になる。

　以上の難しさを考慮すると、意図的な不遵守やそれらに起因するトラブル・不祥事を防ぐためには、職場・組織で働く全員の協力を得ながら、次のマネジメントを実践することが大切になる。

①　各人が行っている業務、関連するルールについて、目的が明確で手順・方法が目的を達成するうえで効果的なものになっているか、手順・方法が時間・コストがかからず実施が容易なものになってい

るか(IE や人間工学の視点)、悪影響がないかを評価し、効用＞手
間・悪影響となるように改善する。

②　仕事を依頼したり権限を委譲したりする際に、計画どおりうまく
いく場合だけでなく、うまくいかない場合(技術的な問題、人の不
適切な行動、自然災害など)を想定できているか、うまくいかない
場合にそのことがすぐに関係者の間で共有され、職場・組織として
行動をとれるようになっているかを確認し、想定できていないも
の、不明確なものがあれば見直す。

③　ルールを守る効用と手間・悪影響に関する、担当者、上位者の意
識の偏りを防ぐ取組みを行うとともに、アンケート、聞き取り、行
動観察などを用いて意識の偏りを評価し、その結果をもとに取組み
の見直しを行う[5]。

　これらの詳細については、第3章において日常管理のための活動の一
環として説明する。なお、①においてルールに関する効用、手間・悪影
響を検討するためには、守るべきルール、その前提となる作業の内容が
明確になっている必要がある。また、②においてうまくいかないことが
想定できるためには、その主要な引き金となる知識・スキル不足の行動
や意図しないエラーについての検討ができている必要がある。したがっ
て、本節(1)で述べた人間の能力範囲を無視した行動を防ぐマネジメン
ト、(2)で述べた知識・スキル不足の行動を防ぐマネジメント、これか
ら(4)で述べる意図しないエラーを防ぐマネジメントが行えていないと、
意図的な不遵守を防ぐマネジメントは適切に行えないことになる。

(4)　意図しないエラーが起こるメカニズム

　意図しないエラーが起こるメカニズムを理解するためには、簡単な例
を考えてみるのがよい。図1.8 を見て、①と②のどちらが長いかを聞く
とたいていの人は②と答える。また、中には①と②は同じと答える人も

図 1.8　ミュラー・リヤーの錯視

いる。ところが、定規で測ってみると①の方が若干長いことがわかる。

　人が意図せずにこのようなエラーを起こすのはどうしてであろうか。周りの状況を総合的に判断して決定を下したり、過去の経験から学ぶことができたりするのは人間の優れた能力であるが、これが災いして意図しないエラーが起こる。よい結果を出そう、よりよく行動しようとすることで、知らず知らずにエラーの落とし穴に落ちるわけである。

　それでは、どうすればこのようなエラーを防止できるであろうか。多くの職場でよく見受けられる対策は、

① 　気をつけて仕事を行うよう注意を促す

② 　教育・訓練を行う

③ 　二重、三重にチェックを行う

の３つであるが、これらは、人間のもつ情報を総合的に判断する能力や経験から学習する能力によって意図しないエラーが引き起こされるメカニズムから考えると、「それらの能力を働かせるな」という無理な相談をしていることになる。

　他方、図 1.8 において、矢印の部分を取り除いたり、垂直の直線で置き換えると、①が長いことにすぐに気づいたり、よくわからないので定規で測ってみようと考えたりできるようになる。これは、人間の持つ優れた能力を認めたうえで、その能力が正しい方向で働く工夫を仕事の中に組み込んでいることになる。これがエラープルーフ化（Error Proof）と呼ばれる方法である。エラープルーフ化は、ポカヨケ、バカヨ

ケ、フールプルーフ、FP（英語の Fool Proof を略したもの）など、職場によって呼び名はさまざまであるが、その本質は、「作業を構成している人以外の要素（手順、設備・機器、部品・材料、帳票など）を工夫・改善することで、エラーを起こしにくい、起こしても大きなトラブルや事故にならないようにする」ことである[6][7]。エラープルーフ化ができれば、うっかり書類を持ってくるのを忘れたり、似た部品を取り違えたり、意図せずに操作パネルのスイッチに触れたりすることがなくなったり、それが起こっても大きな影響が出ないようになる。

　ただし、エラープルーフ化の難しいところは、注意力に頼ることの限界を理解していない人が意外に多い、すなわち「意図しないエラー→不注意→注意して仕事をする・させる」という図式でしか対策を考えられない人が多いということである。したがって、まずはこのような誤った認識を払拭する必要がある。

　エラープルーフ化のもう一つの難しさは、個々のエラーの発生頻度が低いために、その可能性に気づきにくく、起こった品質トラブル・事故・不祥事やその原因となったエラーをいくら追いかけても、モグラたたきにしかならないことである。例えば、ある特定のエラーの発生率を 1/1,000 とし、このエラーの発生が見逃され重大な品質トラブルにつながる確率を 1/100 としよう。この場合、当該のエラーによって問題が発生する確率は、1/1,000 × 1/100 ＝ 1/100,000 となる。

　これは一見無視してよい些細な確率と感じられる。しかし、エラーはあらゆる人があらゆる業務で起こす可能性がある。100 人の人が働いている職場で、一人の人が 1 日に約 50 種類のさまざまな業務を行うとする。1 年の稼働日数を 200 日とすれば、エラーが発生する機会は、年間 $100 \times 50 \times 200 = 1{,}000{,}000$ 回となる。したがって、確率論に従えば、$1/100{,}000 \times 1{,}000{,}000 = 10$ となり、結局、平均して年間 10 件のエラーによるトラブル・事故が発生することになる。

　この職場で、ある年に発生した 10 件の品質トラブルに対して確実なエラープルーフ化の対策を行ったとする。これは 1,000,000 回の機会のうちの 10 をつぶしたことに他ならない。したがって、999,990 回の機会がまだ残っているわけで、次の年も $1/100{,}000 \times 999{,}990 \fallingdotseq 10$ となり、エラーによる品質トラブルの件数は一向に減らないことになる。したがって、エラープルーフ化にあたっては、まだ起こっていないけれど起こりそうなエラーを見つけて対策する「未然防止」の取組みを行う必要がある。

　さらに、このような未然防止の取組みをありとあらゆる仕事で実践しなければならないところに難しさがある。未然防止の取組みは、一部の人や特定の専門部署で行えることではない。いろいろな職場で働いている多くの人の協力・参画を得る必要がある。

　以上の難しさを考慮すると、意図しないエラーやそれらに起因する品質トラブル・事故・不祥事を防ぐためには、次のマネジメントを全員参加で実践することが大切になる。

① 　錯視や仮想体験などを用いて注意力に頼った取組みの限界を知り、意図しないエラーを防ぐためにはエラープルーフ化が必要なことを理解する[8]。

② 　FMEA（Failure Mode and Effects Analysis）などのリスクアセスメント手法、ヒヤリハットやインシデントなどの事例を活用し、各

人が行っている仕事において、起こりそうなエラーを系統的に洗い
出す。

③　エラープルーフ化の原理(排除、代替化、容易化、異常検出、影
　響緩和)やそれらに基づく発想チェックリストなど、作業方法の間
　違いやすさを改善する方法を学び、それに基づいて提案を行った
　り、工夫を行ったりする。

これらの詳細については、第３章において日常管理のための活動の一
環として説明する。なお、②において起こりえるエラーを洗い出すため
には、作業が明確になっている必要がある。したがって、本節(1)で述
べた人間の能力範囲を無視した行動を防ぐマネジメントが行えていない
と、意図的な不遵守を防ぐマネジメントを適切に行えないことになる。

今まで(2)～(4)で説明してきたような、(1)～(4)の間の依存関係を模
式的に表すと、**図 1.9** になる。ただし、この図は(1)が終わってからで
ないと(2)～(4)に取り組めないということを意味しているわけではな

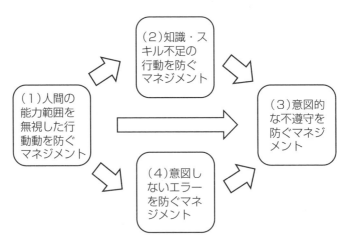

図 1.9　人の不適切な行動を防ぐマネジメントの依存関係

い。実際、(2)や(4)に取り組むことによって、その中で教育・訓練やエラープルーフ化の効果を実感し、科学的アプローチの大切さや作業を設計・計画するという考え方が浸透し、(1)が実現できていく面もある。また、(3)に取り組む中で、(1)、(2)、(4)に取り組む必要性が納得できる場合もある。その意味では、(1)～(4)をばらばらに進めるのではなく、それらを一体のものと捉えて総合的に取り組むことが必要であり、またそうでないと十分な効果を得ることが難しい。ここに、職場・組織として日常管理に取り組んでいく必要性がある。

1.5　トラブル・事故・不祥事の未然防止において日常管理が果たす役割

　これまで説明してきたようなメカニズムを理解したうえで必要なマネジメントを実践すれば、人の不適切な行動やそれらに起因するトラブル・事故・不祥事を防ぐことができる。ところが、このような取組みが十分行えていない職場が一部でもあると、仕事を行う中で人の不適切な行動が散発的に発生し、これらが重なると重大なトラブル・事故・不祥事が起こる。

　1.4 節で述べたような、人の不適切な行動やそれらに起因するトラブル・事故・不祥事を防ぐマネジメントを実践する難しさはいろいろあるが、それらのマネジメントを実践するベースとなる人の考え方・心情を変えることが一番難しいのではないだろうか。

　図 1.10 はE・シャインのモデル[9]を参考に、組織文化とマネジメントの関係を模式的に表したものである。組織の中で働いている一人ひとりは異なる考え方・心情をもっており、各人の行動はこれによって支配される。また、このような行動の総体が組織の活動・マネジメントであるので、当然、これも最下層である一人ひとりの考え方・心情に支配さ

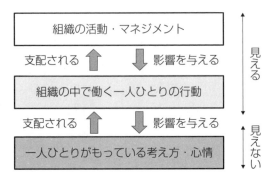

出典）　エドガー・シャイン著、清水紀彦・浜田幸雄訳：『組織文化とリーダーシップ—リー
　　　ダーは文化をどう変革するか』、ダイヤモンド社、1989 年、p.21、図表 2.1 をもとに
　　　作成。

図 1.10　組織文化とマネジメント

れることになる。したがって、組織の活動・マネジメントを 1.4 節で述
べたものに変えるには、一人ひとりのもっている考え方・心情を変える
必要がある。

　しかし、どんなに熱意を傾けて話してみても、人の考え方・心情は
簡単に変わるものではない。他方、デミング賞や MB 賞（マルコム・ボ
ルドリッジ国家品質賞）などの品質賞を受賞した組織、総合的品質管理
（Total Quality Management：TQM）に熱心に取り組んでいる組織を見
ると、「マネジメントが行動を生み出し、行動が考え方・心情を変える」
ということを強く感じる。改善や維持向上（狭い意味の管理）、価値創
造・品質保証を経験したことのない人にその大切さを理解してもらうの
は難しいが、具体的な行動を通して効果を実感した人は、改善や維持向
上、価値創造・品質保証に自分から積極的に関わるようになる。また、
そのような経験をもった人達が連携することで思いもよらないような大
きな力を発揮する。

　日常管理（Daily Management）は、「各職場において日常的に実施さ
れなければならない分掌業務をより効果的・効率的に達成するために、

目標を現状またはその延長線上に設定し、目標からずれないように、ずれた場合にはすぐに元にもどせるように、さらには現状よりもよい結果が得られるようにするための活動」である[10][11]。また、TQM は、「顧客および社会のニーズを満たす製品・サービスの提供、ならびに働く人々の満足を通した組織の長期的な成功を目的とし、プロセスおよびシステムの維持向上、改善および革新を全部門および全階層の参加を得て様々な手法を駆使して行うことで、経営環境の変化に適した効果的かつ効率的な組織運営を実現する活動」である。

　日常管理や TQM を組織的に展開・実践することで、人の不適切な行動やそれらに起因するトラブル・事故・不祥事を防ぐマネジメントを実践するベースとなる考え方・心情が組織の末端に浸透していく。この効果はトラブル・事故・不祥事の防止に留まらない。**図 1.11** に示すように、新しい価値創造を目指して、顧客・社会の隠れたニーズを把握し、その実現に向けて複数の職場・組織が連携するという人の望ましい行動を引き出すうえでも役立つ。

　本章では、主に人間信頼性工学の視点からトラブル・事故・不祥事を防ぐためにどのようなマネジメントが求められるかを論じてきたが、次

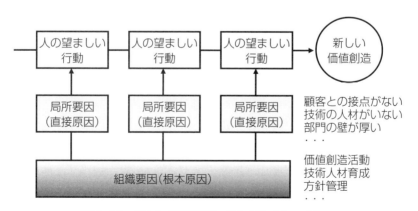

図 1.11　新しい価値創造に成功するメカニズム

の第2章および第3章では品質管理の立場から組織としてどのようなことが行えるのか、行うのがよいのかを見ていく。

コラム4　人間信頼性工学と品質管理

　信頼性工学は、製品、設備、人間などの多様な要素から構成されるシステムの信頼性（与えられた条件の下で、与えられた期間、要求機能を遂行できる能力）を向上するための技術の総称である。また、人間工学（エルゴノミクスとも呼ばれる）は、人間と他の要素とのインタラクションを理解するための科学であり、働きやすい職場や生活しやすい環境を実現し、システムの総合的な性能の最適化を図るために、理論・原則・データ・設計方法を活用することをめざしている。

　この両者を統合した人間信頼性工学（Human Reliability Engineering）は、人間のもつ特性に関する科学を応用することで、人間を含むシステムの信頼性を向上することに焦点をあてている。

　他方、品質管理（Quality Management）は、顧客指向、プロセス重視とPDCAサイクル、全員参加と人間性尊重を基本的な考え方とし、組織によって実践される、顧客・社会のニーズを効果的かつ効率的に達成するための活動である。言い換えれば、全員の参加を得ながら、事実・データに基づいて、顧客・社会のニーズ、プロセスと結果の因果関係を解き明かし、得られた結果をもとに、顧客・社会にとっての価値を効果的・効率的に生み出すプロセスを作り上げる活動である。

　人間信頼性工学と品質管理は人間の信頼性、組織のパフォーマンスを向上させるためのマネジメントという異なる出発点をもつものの、ともに人間の行動やその影響を対象としている。最近のトラブル・事故・不祥事を防ぐうえでは両者の考え方・方法を結びつけ、活用していくことが大切である。

日常管理の基本

本章では、日常管理の具体的な進め方について学ぶ前に、そのベースとして、TQM とは何か、TQM における日常管理の役割・位置づけ、日常管理を構成する2本の柱である「標準化」と「異常の検出・処置」について説明しておきたい。

■2.1　TQM（総合的品質管理）とは

（1）　事業における TQM の役割

事業（business）とは、単純に考えれば、製品・サービスを提供することで利益を得ることである。ただし、利益を上げるためには、売上を上げ、コストを下げなければならない。ここで、売上は顧客・社会のニーズを満たす製品・サービスを提供できるかどうかにより、コストは自組織のシーズ（技術、リソースなど）を革新・活用できるかによって決まる。このため、顧客・社会のニーズと自組織のシーズを結びつけて顧客・社会にとっての価値を創造することが事業の本質といえる。

しかし、ニーズやシーズが大きく変化する時代にあっては、変化に対応して、さらには変化をチャンスと捉えて、仕事のやり方を変えていくことのできる能力が組織に備わっていないと、持続的な成功を収めることが難しくなる。このため、組織は自身の存在意義を定めた経営理念・ビジョン・価値観などをもとに、中長期的な経営目標・戦略を立て、それに向かって変わっていこうとする。しかし、組織で働く一人ひとりの考え方・心情は異なるため、思ったように変わらない・変えられないのが現状である。さまざまな考え方・心情をもつ人を動かし、変わっていくための何らかの方法論が必要になる。

TQM は、ニーズとシーズを結びつけて価値創造を行うことを事業の基本としながら、組織がその存在意義をもち続けるためには、変化に対応する・変化を生み出せる組織能力を獲得することが重要との認識のも

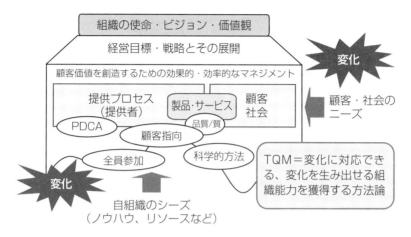

図 2.1　事業における TQM の役割

と、そのための方法論を体系化したものである[10][11]。**図 2.1** はこのような事業と TQM との関係を模式的に表したものである。

　TQM は、1950 〜 1970 年代の日本において、欧米から導入された、統計的手法を中核とする QC（Quality Control、狭い意味の品質管理）の考え方・方法を実践する中で生み出されたもので、多くの組織がこれを活用し、世界的競争力をもつ組織へと発展していった。現在では、日本だけでなく世界中で、製造業だけでなくサービス、小売、エネルギー、通信、運輸、医療・福祉、教育、金融などのさまざまな分野で活用され、効果をあげている。

（2）　TQM の全体像

　TQM の全体像を理解するうえでは、**図 2.2** に示すように「原則」、「活動要素」、「手法」の３つに分けて捉えるとわかりやすい。

①　原則：一人ひとりの行動の基本となる考え方。顧客指向、プロセス重視、PDCA サイクル、全員参加、人間性尊重など。

②　活動要素：特定の目的・ねらいをもったひとまとまりの組織とし

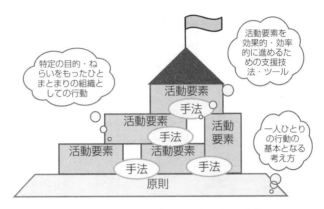

図 2.2 TQM の原則、活動要素、手法

ての行動。方針管理、日常管理、小集団改善活動、品質マネジメント教育、新製品・新サービス開発管理、プロセス保証など。

③ 手法：活動要素を効果的・効率的に進めるための支援技法・ツール。改善の手順(QC ストーリー)、QC 七つ道具、統計的方法、品質機能展開、FMEA/FTA、QC 工程表、作業標準書、スキルマップ、エラープルーフ化など。

(3) TQM の原則

図 2.3 に TQM の原則の主なものを示す。これらは大きく、1)顧客指向や後工程はお客様のように目的を考える際に重要となるもの、2)プロセス重視、PDCA サイクル、重点志向のように目的を達成する手段を考える際に重要となるもの、3)全員参加や人間性尊重のように目的の達成と手段の実践を支える組織の運営を考える際に重要なものに分かれる。

これらの原則の中で特に大切になるのは次の 3 つである。

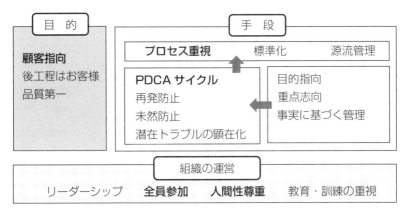

注）　手段に関する原則は、さらに、i)プロセス重視、標準化など、手段を考える際の軸
　　となる考え方を示す原則、ii)PDCA サイクル、潜在トラブルの顕在化など、プロセス
　　重視や標準化を実現するための具体的な手順を示す原則、iii)重点指向や事実に基づく
　　管理など、PDCA サイクルや潜在トラブルの顕在化を効果的・効率的に行ううえで守
　　るとよいものに分けられる。

図 2.3　TQM の原則

1)　顧客指向

　顧客・社会の中に入って、そのニーズを把握し、これを満たす製品・
サービスを提供するという考え方である。ニーズには、要求事項などで
明示されるものだけでなく、当該分野で当然のこととなっているもの
（暗黙のニーズ）、顧客・社会自身が認識していないもの（潜在したニー
ズ）が含まれる。品質・質とは製品・サービス、その提供プロセス、組
織の経営など、関心の対象になるものがこれらのニーズを満たす程度で
ある。品質・質を高めることで、顧客・社会にとっての価値が生まれ、
提供側は利益を得て持続的に発展していくことができる。

2)　プロセス重視と PDCA サイクル

　プロセス重視は、結果のみを追うのでなく、結果を生み出すプロセス
（仕事の仕組み・やり方）に着目し、これを管理し、向上させるという考
え方である。観察や実験などの経験的手続きによって実証された法則と

その活用に重きを置く科学的アプローチと同じ意味である。プロセス重視の考え方に従ってねらいどおりの結果を生み出すプロセスを得るための方法を具体的な手順として書き表したものがPDCAサイクルである。

3) 全員参加と人間性尊重

全員参加は、全階層が、全部門が、全員参加して品質管理を行うことが必要であるという考え方である。全員参加と関連の深い原則が、人間性尊重である。これは、人間らしさ(自分の能力を伸ばして役立てていきたいという自己実現の欲求など)を尊び、重んじ、一人ひとりが人間として特性を十分に発揮できるようにするという考え方である。

これらの3つの原則は密接に結びついており、顧客指向に立って、プロセス重視やPDCAサイクルを、人間性尊重に基づいて全員参加で実践することで、相乗効果を引き出すことができる。

コラム5 PDCAサイクル

望ましい結果が得られるプロセスやシステムを確立するためには、まず計画を立て、それに従って実施し、その結果を確認し、必要に応じてその行動を修正する処置をとることが重要となる。「PDCAサイクル」は、この4つのサイクルを確実かつ継続的に回すことによって、プロセスやシステムのレベルアップを図るという考え方である。PDCAサイクルという考え方の背後には、人間のプロセスに関するノウハウは常に不完全で、最初から効果的・効率的なプロセスを確立することは難しいという認識がある。したがって、現在のノウハウに基づいて目標を達成するうえで最も適切と考えられるプロセスを設定し、その実施の結果を見ながら逐次的に修正していくことで、次第に完全なプロセスに近づけていくアプローチをとるわけである。

PDCAサイクルというと、**図2.4**がよく使われるが、この図ではプロセスと結果との関係が十分理解できない。**表2.1**は、**図2.5**を

図 2.4　よく使われる PDCA
　　　サイクルの図

図 2.5　プロセスと結果を意識した
　　　PDCA サイクルの図

表 2.1　プロセスと結果を区別した、PDCA サイクルの各ステップで行うべ
　　　きこと

	プロセス	結果
計画 （Plan）	(2)目標を達成するプロセスを定める。	(1)結果に対する目標を決める。
実施 （Do）	(3)定めたプロセスを教育・訓練する。 (4)定めたプロセスに従って実施する。	(5)結果を計測する。
チェック （Check）	(8)差異を生じたプロセスの悪さを解析する。	(6)結果が目標と一致しているかどうか判定する。
処置 （Act）	(9)プロセスに対する恒久処置をとる。 (10)恒久処置の結果を再チェックする。	(7)目標どおりでない結果に対する応急処置をとる。

注）　(1)などは、順番を示す。(7)と(8)～(10)の順番は前後する場合もある。

イメージし、プロセスと結果を区別したうえで PDCA サイクルの各ス
テップで行うべきことをブレークダウンしたものである。
　結果に対する「目標」がなければ、チェックの段階で問題の存在を
把握できない。目標は網羅的でなく重点を絞ったものにするのがよく、
その達成度合いを客観的に評価できることが重要である。また「計画」
は、目標を達成する手段についても定めなければならない。手段につい
て定めた計画は守られなければならず、そのためには教育・訓練・動機

付けが必要である。

　プロセスをよりよいものにするために結果をチェックしなければならない。そのうえでプロセスに対する処置（恒久処置）を効果的・効率的に行うためには、原因であるプロセスの諸条件と結果の間の因果関係を把握する必要がある。

　ただし、この因果関係の把握が誤っており、プロセスに対する処置の効果が期待どおりでない場合も多い。また、他の結果に対する悪影響が生じる場合もある。プロセスに対する処置を取る場合には、その効果および影響について事前に十分検討するとともに、実施にあたっては関連部門へ通知したうえで、その結果を一定期間監視することが重要である。効果が十分でないと判断された場合には、因果関係の解析の段階へ戻ってやり直しを行う。

（4）　TQM の活動要素

　TQM の原則はあらゆる場面で活用でき、一人ひとりがこれに則って行動できていれば、変化に対応できる・変化を生み出せる強い組織といえる。ただし反面、原則は抽象度が高く、これだけでは具体的に何をしたらよいのかよくわからない。また、異なる考え方・心情をもった人に原則に沿った行動をしてもらうのは容易でない。活動要素はこの点を補うものである。**図 2.6** は、TQM の活動要素およびそれぞれの役割を模式的に示したものである。これらの活動要素を総合的に実践することで組織として一貫性のある動きができ、具体的に行動する中で TQM の原則が各人の考え方・心情として浸透していく。

1）　方針管理

　ニーズやシーズの変化に対応するためには、改善・革新が必要である。このためには、まず変えるべき点、すなわち問題・課題を明確にし、組織の中で共有する必要がある。ここで、問題・課題は目標と結果

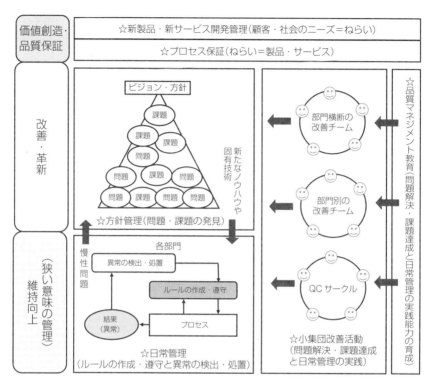

図 2.6　TQM の活動要素

（現状または予測）のギャップとして認識できるため、目標を組織の階層
に沿って展開することが役立つ。これが「方針管理」である[12][13]。

　目標の展開から生まれた方針管理であるが、現在は、方針、すなわち
次の3つをセットで展開する形に発展している（**図2.7** 参照）。

① 　重点課題：組織として重点的に取り組み達成すべき事項とそれを
　　取り上げた目的。組織および部門の全体的な意図および方向づけを
　　誤解なく理解するためには、具体的な目標だけでなく、何に取り組
　　むのか，何のために取り組むのかが明確になっている必要がある。

② 　目標：重点課題の達成に向けた取組みにおいて、追究し、めざす

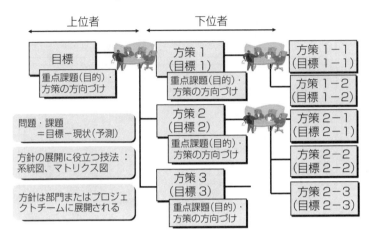

注）　上位の目標を達成するために考えられた下位の方策は、さらに下の階層に対する目
　　標となり、順次展開されていく。

図 2.7　方針の展開

　到達点。達成すべき事項やその目的が明らかでも、いつまでに何を
達成するのかについては人によって理解が異なる。到達したかしな
いかを客観的に判断できるようにする必要がある。

③　方策：目標を達成するために選ぶ手段。目標を達成する手段は 1
つではない。各自がばらばらに手段を考えたのでは、部門間の連携
が難しくなる。手段についての意図および方向付けを行うことも必
要である。

方針管理では、以下の点が重要なポイントとなる。

①　改善・革新したいものと維持向上したいものを明確に区分し、方
針を策定する際には改善・革新したい少数の重要な項目に絞る。

②　方針の展開にあたって、目標と方策の因果関係を系統図などに表
し、徹底的に議論することで上下左右の部門・人が密接なすり合わ
せを行う。

③　期中に実施計画書や管理項目を用いて進捗の確認と必要な是正処

置を行う。

④　期末には目標の達成状況と方策の実施状況との対応関係をもとに評価を行い、その結果を組織の階層に沿って逆方向に集約し、方針管理の弱さ(因果関係に基づく方針の展開が弱いのか、実施計画書・管理項目に基づく進捗の管理が弱いのか)を顕在化させ、改善する。

⑤　上記の結果を踏まえて次期の方針の策定・展開に取り組む。

2) 小集団改善活動

　一方、方針管理で明確になった問題を解決し、課題を達成するためには、関係者が集まって話し合い、原因を調べたり、具体的な方策を検討・実施したりする必要がある。このような場合、少人数によるチームを編成して取り組むのが効果的である。これによって参画する人が自分の役割を認識し、能力を発揮するとともに、その過程で相互に学び合うことが容易となる。これが、QC サークル、部門ごとの改善チーム、部門横断チームなどによる「小集団改善活動」である[14][15][16]。

　小集団改善活動が成り立つための条件の一つは、問題・課題があることである。その意味では、方針管理や日常管理に取り組む中で、問題・課題がどんどん顕在化されているような職場・組織であることが、小集団改善活動を実践する場合の重要なポイントになる。

　小集団改善活動が成り立つための 2 番目の条件は、少人数のチームが編成されていることである。多くの人の中で働いている場合、人はなかなか自分の役割を認識し、周囲から学び、自分のもっている潜在的な能力を発揮することができない。ところが、ここに少人数のチームを作ってやると、特に PDCA サイクルのような共通の考え方で活動している場合には、自分の役割を認識し、周囲から学び、自分のもっている潜在的な能力を発揮することが容易になる。結果として、一人ひとりが成長し、チームが成長し、最終的には変化に対応できる、変化を生み出せる

能力をもった組織ができる。

　小集団改善活動が成り立つための3番目の条件は、科学的なアプローチである。問題・課題があり、それに取り組むためのチームを編成しても、解決・達成できなければ会社・職場はよくならない。また、参画している人も自己実現を果たしたり、達成感を感じたりすることができない。成功の確率を上げるには、科学的に取り組むことが必要であり、問題・課題の内容に応じて、改善の手順(QCストーリー)やQC七つ道具、新QC七つ道具、統計的手法、標準化技法、信頼性技法などの科学的な手法を縦横無尽に活用することが大切になる。

　図2.8は、小集団改善活動がその役割を果たすメカニズムを1枚にまとめたものである。問題・課題があり、それを解決・達成することでお客様の満足向上、組織・社会への貢献が実現できる。また、チームを編成することで十分な話し合いができ、これによって明るく活力に満ちた職場が生まれる。さらに、改善の手順や手法を活用することで、科学的・論理的な考え方・方法を身につけることができ、一人ひとりの能力向上・自己実現が果たせる。これら3つの流れが密接に絡み合い、相乗効果を生み出す点が、小集団改善活動の醍醐味であり面白さである。

3) 日常管理

　改善・革新によって生み出されたノウハウは、日常の業務の中で活用される必要がある。このためにはまず、ルールを定めて守ってもらう必要がある。標準書の作成が基本となるが、標準書に基づく必要な知識・スキルの教育・訓練、意図的な不遵守や意図しないエラーを防止するための取組みも大切となる。他方、どんなに条件を一定に保とうとしても、突然休む人が出る、設備の故障が発生する、材料ロットが切り替わるなど、プロセスでは常に変化が生じる。これらの変化の中には仕事の結果に大きな影響を与えるものもあり、これを見逃すと、後で重大なトラブルに発展する。このため、異常、すなわち通常と異なる事象を確実

2

日本の基本管理

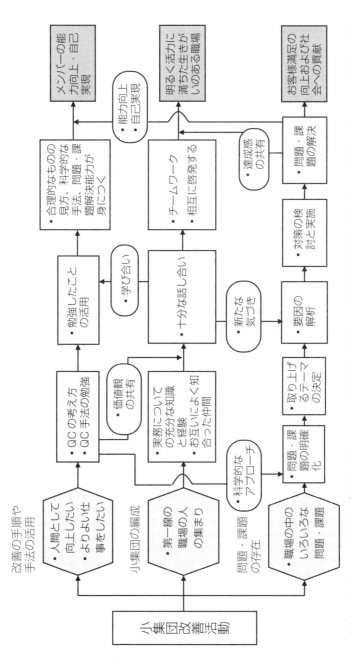

図 2.8　小集団改善活動のメカニズム

出典）QC サークル本部編：『新版 QC サークル活動運営の基本』，日本科学技術連盟，1997 年，pp.20-21，図 1.1 に一部加筆・修正

に検出し処置する取組みが必要となる。標準化と異常の検出・処置は、まとめて「日常管理」と呼ばれる[17][18]。

4) 品質マネジメント教育

方針管理、小集団改善活動、日常管理を実践するには、活動に参画する一人ひとりに必要な能力が身に付いていなければならない。このための活動が「品質マネジメント教育」である[19][20]。能力を向上・育成するためには、まず一人ひとりの能力を評価することが必要である。この際、割り当てられた業務を行うために必要となる固有技術だけでなく、改善力やチーム運営力などの管理技術に関する能力も評価することが大切である。また、必要な能力を着実に身に付けてもらうには階層別・分野別教育体系を整備し、体系的な研修を行う必要がある。さらに、技術を活用する力は研修を受けただけでは身に付かないので、実践の場を用意し、実際に改善や管理、価値創造に取り組んでもらうことが必要である。図 2.9 は、このような品質マネジメント教育の基本的なフレームワークを模式的に表したものである。

5) 新製品・新サービス開発管理

改善・革新や維持向上がいくら活発に行われても、これらが価値創造・品質保証に結びつかなければ、組織として持続的な成功を収められない。ニーズと製品・サービスを一致させるためには、第一に、ニーズと製品・サービスのねらいを一致させる必要がある。このためには、顧客のニーズ、特に顧客自身も気がついていないような潜在ニーズを把握し、新製品・新サービスの企画を行う必要がある。また、把握したニーズを満たすために必要となる新技術をタイミングよく開発するとともに、設計において既存技術を失敗なく適用することも必要となる。さらに開発中のトラブル、顧客満足やクレーム・苦情を分析し、企画や設計・開発の進め方を見直すことも大切である。これが「新製品・新サービス開発管理」である[21][22]。

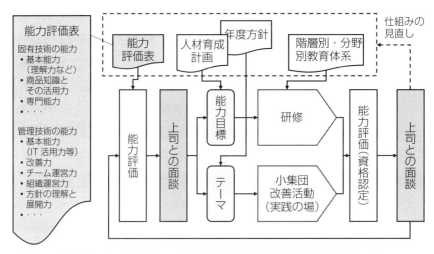

出典）　中條武志・山田秀編著、日本品質管理学会標準委員会編：『マネジメントシステム
　　　　の審査・評価に携わる人のための TQM の基本』、日科技連出版社、2006 年、p.128、
　　　　図 3.22 をもとに作成

図 2.9　品質マネジメント教育の基本的なフレームワーク

6）　プロセス保証

　第二に、ねらいと製品・サービスを一致させるためには、ねらいどお
りの製品・サービスを継続的に生み出す能力をもったプロセスを確立す
ることが重要となる。これが「プロセス保証」である[22][23]。日常管理
に基づいて維持向上・安定化を図るとともに、プロセスの持つ、ねらい
どおりのものを提供できる能力（工程能力）を把握し、不十分な場合に
は、方針管理や小集団改善活動に基づいて改善・革新を図る。また、起
こりうるトラブルを予測し、未然防止対策を行う。それでも不十分な場
合には、検出すべき不適合を明確にし、それらを確実に検出できる検
査・検証を系統的に計画・実施する。

(5) TQM の手法

　活動要素に取り組む場合、具体的な手法が必要となる。**表 2.2** は、活動要素を効果的・効率的に進めるための支援技法・ツールの代表的なものをまとめたものである。

　方針管理や小集団改善活動で使われる代表的な手法としては、科学的に問題を解決するためのステップを定めた QC ストーリー、パレート図や特性要因図などの QC 七つ道具、実験計画法や多変量解析法などの統計的方法、KJ 法などの言語データ解析法などがある。

　また、標準化や日常管理のための手法としては、プロセスフロー図や業務フロー図、作業標準書などの標準化技法、スキルマトリックスなどの教育・訓練のための手法、エラープルーフ化などの人のミスを防ぐための手法、QC 工程表や工程異常報告書などの異常を迅速に検出し、処

表 2.2　TQM の代表的な手法

活動要素	手法
価値創造・品質保証のための活動要素	QFD（品質機能展開）
	商品企画七つ道具
	FMEA/FTA、ワイブル解析
	タグチメソッド（品質工学）
	工程能力指数
	QA ネットワーク（保証の網）
改善・革新のための活動要素	改善の手順（QC ストーリー）
	QC 七つ道具
	統計的方法（実験計画法、多変量解析法など）
	言語データ解析法、新 QC 七つ道具
維持向上のための活動要素	QC 工程表
	工程異常報告書
	プロセスフロー図、業務フロー図、作業標準書
	スキルマトリックス
	エラープルーフ化

2

置するための手法などがある。

　さらに、新商品開発管理やプロセス保証のための手法としては、顧客の潜在ニーズを把握して製品・サービスの企画を行うための商品企画七つ道具、顧客のニーズや企画の内容を設計につなげるための QFD(品質機能展開)、FMEA/FTA やワイブル解析などの信頼性手法、環境条件の変化や部品・材料の劣化などのばらつきに対して頑健な設計条件を見つけるためのタグチメソッド、生産やサービス提供におけるばらつきを評価するための工程能力指数、検査・検証による保証の仕組みを評価するための QA ネットワーク(保証の網)などがある。

　これらの手法すべてについて詳細を知っておく必要はないが、どのような場面でどのような手法が使えるかを理解し、適切な場面で適切な手法をタイミングよく活用することが大切である。

コラム 6　TQM の核となる活動

　TQM の中で核となる活動は、プロセスやシステムの維持向上と改善・革新である。

① 　維持向上(狭い意味の管理):目標を現状またはその延長線上に設定し、目標からずれないように、ずれた場合にはすぐに元に戻せるように、さらにはここから学んだ知識を活用し、現状よりもよい結果が得られるようにする活動。プロセスと結果の間の因果関係を考えれば、結果が現状からずれないようにするためには、プロセスを変えないこと、ずれの原因となるプロセスの変化に着目することが重要となる。

② 　改善:目標を現状またはその延長線上より高い水準に設定して、問題・課題を特定し、問題解決・課題達成を繰り返す活動。プロセスと結果の間の因果関係を考えると、現状と大きく異なる結果を達成したければ、問題・課題とプロセスとの間の因果関係を明らか

にし、それに基づいてプロセスの大幅な変更を行うことが重要となる。

③ 革新：組織の外部や組織内の他部門において生み出された新たなノウハウを導入・活用し、プロセスやシステムの不連続な変更を行う活動。改善の積み重ねがなければ、革新を行うことはできない。このため、TQMでは、改善と革新を厳密に区別せず、まとめて表記する場合が多い。

維持向上と改善・革新は、組み合わせて行うことでプロセスやシステムの絶え間ないレベルアップが可能となる（**図2.10**参照）。改善・革新だけを行って得られたプロセスやシステムに関するノウハウを日常の業務で活かし、定着させる活動を行っていないと、改善・革新に対する熱意が次第に失われていくことになる。他方、維持向上だけを行っていると、ニーズやシーズの変化に対応できない。また、人の入れ替わりとともに担当しているプロセスやシステムに対する関心が次第に薄れ、次第に現状を維持することが難しくなる。

TQMにおけるもう一つの重要な活動が価値創造・品質保証である。

④ 価値創造・品質保証：顧客・社会のニーズを満たすことを確実にし、確認し、実証するための活動。ここでいう「確実にし」は、顧

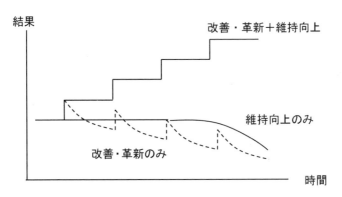

図2.10 改善・革新と維持向上

客・社会のニーズを把握し、シーズ（ノウハウやリソースなど）をもとにそれに合った製品・サービスを企画・設計し、これを提供できるプロセスを確立することである。また、「確認し」は、顧客・社会のニーズが満たされているかどうかを継続的に評価・把握し、満たされていない場合には迅速な応急対策・再発防止対策を取ることである。さらに、「実証する」は、どのようなニーズを満たすのかを顧客・社会との約束として明文化し、それが守られていることを証拠で示し、信頼感・安心感を与えることである。

なお、「価値創造・品質保証」は、広い意味でいえば品質保証（Quality Assurance）と呼んでよいものである。ただし、多くの組織では品質保証をクレーム、苦情、不適合、トラブル、事故などの望ましくない事象を減らす活動と狭く捉えており、保証という言葉を使うと、対応する英語の Assurance では「実証する」という狭い意味になる。そのため、これらのことを考慮し、新しい製品・サービスを考え提供していく活動も含まれていること、「確実にし」というプロセスで作り込む活動が含まれていることを示すために、あえて「価値創造・品質保証」という言葉を使っている。

維持向上、改善・革新、価値創造・品質保証が組織の中で活発に行われれば、ニーズやシーズの変化に対応し、必要な変化を生み出せる能力を持った組織ができる。TQM の活動要素を示した図 2.6 の左端には、これらの活動が記されており、右側に示された活動要素、すなわち方針管理、日常管理、小集団改善活動、品質マネジメント教育、新製品・新サービス開発管理、プロセス保証を実践することで、TQM の核となる活動を推進できることを示している。

これらの活動と図 2.3 に示した TQM の原則、特にその中核となる顧客指向、プロセス重視と PDCA サイクル、全員参加と人間性尊重と密接な関連がある。価値創造・品質保証の活動のベースになるのは、顧客指向の原則であり、維持向上や改善・革新の活動のベースになるのは、

プロセス重視と PDCA サイクルの原則である。ただし、維持向上、改善・革新、価値創造・品質保証の活動は一部の人が頑張って行っても効果が少ないので、これに加えて全員参加の原則に従ってみんなで行うことが大切になる。逆に、維持向上、改善・革新、価値創造・品質保証の活動を行った経験を通じて一人ひとりの考え方・心情を顧客指向、プロセス重視と PDCA サイクル、全員参加と人間性尊重に変えていくことができる。

■2.2　日常管理の考え方・方法・役割

（1）　日常管理の考え方

　日常管理の原点は、W. A. シューハートによって提案された管理図である（**図 2.11** 参照）。管理図では、まず、プロセスのできばえを評価するための特性（尺度）を決める。次に、この特性の統計的な分布を調べ、その結果に基づいて計算した中心線および管理限界線を引いたグラフを用意する。そのうえで、適切な頻度でデータをとり、点をプロットして

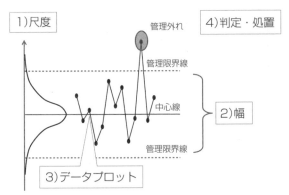

出典）　JSQC-Std 32-001：2013「日常管理の指針」、p.8、図 4

図 2.11　管理図の考え方

いく。点が管理限界線の外に飛び出したり、点の並び方に癖が見られたりした場合には、プロセスにおいて何らかの変化が発生したと考え、応急処置をとるとともに原因を追究してそのような変化が二度と起こらないよう再発防止の処置をとる。このようなことを繰り返すことで、安定したプロセスを実現する方法が管理図である[17]。

　他方、管理図によって変化を見つけるためには、プロセスのできばえを評価するための特性が一定の分布に従うことが必要になる。このため、作業、設備・機器、部品・材料、計測、環境など、結果に大きな影響を与える 5M1E(Man、Machine、Material、Method、Measurement、Environment)に関する取決め(ルール)を定め、それに従って仕事を行う。これによって原因のばらつきを押さえ込み、結果が一定の分布に従うようになるため、通常と異なるプロセスの変化を見つけることが可能になる。また、プロセスが変化したということは、5M1E に関するルールやそれを守るための取組みがうまくいっていないということなので、見逃せない変化を発見した後の原因追究や再発防止においては、プロセスを一定に保つために定めたルールやルールを守ってもらうための活動の何が悪かったのかを考えることが大切となる。

　このように、プロセスにおける変化を見つけるための管理図と、ルールを定め守ってもらうという、管理図を有効に働かせるための活動とが一体となってできあがってきたのが日常管理である。

　JIS Q 9026 では、日常管理を「組織のそれぞれの部門において、日常的に実施されなければならない分掌業務について、その業務目的を効果的・効率的に達成するために必要なすべての活動」と定義している。日常管理というと、各部門が日常行っている分掌業務、すなわち組織の中で決められた、それぞれの職場や部門が担当する仕事そのものと考える人が少なくないが、この定義からもわかるように、日常管理は、行っている業務そのものではなく、それらをより効果的・効率的なものにす

るための活動である。

(2)　日常管理の方法－SDCA サイクル

　日常管理を進める場合に基本となる考え方が SDCA サイクルである（図 2.12 参照）。これは、標準化（Standardize）、実施（Do）、チェック（Check）、処置（Act）のサイクルを確実かつ継続的に回すことによって安定した結果が確実に得られるようなプロセスを作り上げるという考え方である。改善・革新を含め、マネジメントを行う方法を包括的に表したものに PDCA サイクルがあるが、SDCA サイクルは、PDCA サイクルの中の計画（Plan）において、目標を現状またはその延長線上に設定するとともに、現状の業務のやり方を組織の取決め（標準）として定めて活用することで、維持向上を図る方法をわかりやすく示したものといえる。

①　標準化（Standardize）：一定の結果が得られるようにするには、作業、設備・機器、部品・材料、計測、環境など、結果に影響を与える原因を一定の条件に保つことが必要になる。したがって、これ

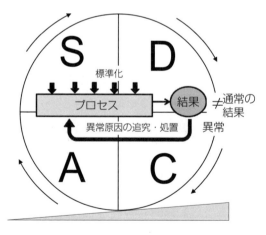

図 2.12　SDCA サイクル

らに関する取決め（標準）を決めて確実に守られるようにしなければ
ならない。ただし、取決めを決めるに先立って、仕事の目的、結果
に対する要求事項、結果を生み出すプロセス、プロセスと結果との
関係に関するノウハウなどを明確にしておくことが必要になる。さ
らに、必要な教育・訓練を行ったり、守れる工夫をしたりすること
も含まれる。

② 実施（Do）：取決めどおりプロセスを実施する。取決めどおり実
施できているかどうかを確認し、必要な場合には、教育・訓練や守
れる工夫を補強する。

③ チェック（Check）：上記のような努力をしても、決めた内容が不
十分、または決めたとおりに実施されない場合も多い。したがっ
て、異常、すなわちいつもと違う結果の発生に素早く気付き、その
原因、すなわち取決めの不十分さや取決めを守る仕組みの弱さを見
つける。

④ 処置（Act）：チェックの結果を踏まえて、取決めの内容やそれが
確実に守られるようにする仕組みをよりよいものにする。

このような SDCA サイクルをそれぞれの部門・担当者が繰り返すこ
とで維持向上が実践され、一定の結果を安定して生み出すことのできる
プロセスおよびシステムが確立できる。

SDCA サイクルは単純であるが、その適用は必ずしも容易でない。
それぞれのステップの難しさを理解したうえで、それらを克服するため
の取組みを行うことが大切である（**表2.3** 参照）。

（3）　日常管理の役割

日常行っている業務をより効果的・効率的なものにするためには、業
務を行うプロセスの改善・革新と維持向上が必要になるが、日常管理は
このうち、特に、維持向上を促進することを目的としている。

表2.3 SDCAサイクルの各ステップの難しさと克服のポイント

ステップ	難しさ	克服のポイント
S	• 標準として表しにくい業務がある • 標準の量・数が増える • 標準の構造が複雑になる	• プロセスに関する因果関係の解析を行う • 不要な標準を定めない • 標準の体系を考える
D	• 標準を守れない	• 教育・訓練を徹底する • 守れる工夫をする
C	• 異常に気がつかない • 異常の原因がわからない	• 通常の状態を明確にする • 職場において異常の情報を迅速に共有する
A	• 単なる調整で終わり，標準化のレベルアップにつながらない	• 標準化の視点から異常を分析する

　組織においては、事業に関する計画(Plan)、実施(Do)、チェック(Check)、処置(Act)を確実に回すことが必要となる。事業計画とは、事業目的を達成するために組織として行うべき活動に関するすべての計画であり、中長期経営計画、それを達成するための戦略、年度事業計画、各部門がそれぞれの日常の業務を行うための実行計画などからなる。事業計画、方針管理および日常管理の3つは、混同されることが多いが、事業計画を実現するための活動が日常管理と方針管理であると考えるのがよい(**図2.13** 参照)。

　上位の事業計画において目標が定まった場合、その達成のためには、

　① すでに実現できている部分を確実に担保する活動(維持向上)

　② 不足している部分について新たに取り組む活動(改善・革新)

の2つが必要である。①に対応するのが「日常管理」であり、②の活動、すなわち日常管理だけでは足りない部分について、取り組むべき問題・課題を目的指向・重点指向の原則に沿って明らかにし、解決・達成するために行う改善・革新の活動を推進するのが「方針管理」である(**図2.14** 参照)。その意味では、方針管理は具体的な小集団改善活動に

出典）　JSQC-Std 33-001：2016「方針管理の指針」、p.9、図3

図 2.13　事業計画と日常管理と方針管理の関係

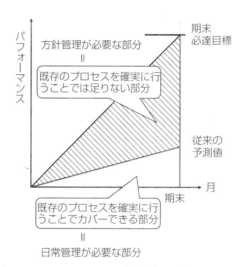

出典）　JSQC-Std 33-001：2016「方針管理の指針」、p.10、図4

図 2.14　日常管理と方針管理の役割の違い

つながる必要がある。

　しかし、プロセスを変えると、大きな効果が期待できる反面、さまざまな失敗やトラブルが発生するリスクも高くなる。このようなリスクを抑え込むためには、方針管理の中で事前の十分な検討・対策を行うことに加え、小集団改善活動で得られたノウハウをもとに標準化と異常の検出・処置を徹底することが大切である。これが日常管理である。

　日常管理と方針管理の割合は、部門により、同じ部門でも関連する事業の状況や TQM の発展段階から見た時期により変わるのが普通である。ただし、日常管理が大半の領域をカバーし、それでカバーしきれない部分を重点的に扱っているのが方針管理となることが多い。

(4)　日常管理と他の経営要素の管理、自主管理との関係

　日常管理は、維持向上を繰り返すことで常に一定の成果が得られるようなプロセスやシステムを確立するための活動であり、顧客や社会のニーズを満たすという品質/質の面だけでなく、量・納期、原価、労働安全衛生、環境、情報セキュリティなどの他の経営要素を確保するうえでも大切となる。その意味では、生産管理、原価管理、労働安全衛生マネジメント、環境マネジメント、情報セキュリティマネジメントなど、あらゆるマネジメントのベースとなる。

　日常管理では、自主管理、すなわち各部門・担当者が主体性をもってそのプロセスやシステムを自律的に管理することが前提となる。日常管理を徹底することで常に一定の成果が得られるようなプロセスやシステムが確立でき、責任・権限の委譲が可能となる。他方、日常管理は組織で行われているあらゆる業務に適用する必要があるため、それぞれの部門・担当者が自分の仕事に責任をもって自律的に取り組む自主管理の体制が確立できていないと、その実践が難しくなる。

▌2.3　標　準　化

　日常管理を支える第一の柱は「標準化」である。標準化とは、「効果的・効率的な組織運営を目的として、共通に、かつ繰り返して使用するための取り決め(ルール)を定めて活用する活動」である[11]。この取決めは「標準」と呼ばれる。多くの人で構成される組織で仕事をする場

合、各人が勝手に行動すると結果のばらつきが大きく、効率も悪くなる。組織や社会で知られている最も優れた方法を標準として定め、みんながこれに則って行動することで効果的・効率的に仕事を行うことが可能となる。

標準化の効用は大きく4つある。

① 互換性が生まれる。異なった場所や時に作られたものやその評価結果を、手直しすることなくそのまま使用することができる。また、人が途中で交替しても、そのまま引き継ぐことができる。

② 思考や情報伝達が省略できる。どちらかに決めればよいにもかかわらず決まっていないことで判断や調整が必要となり、効率が悪くなる場合も少なくない。交通規則と同じで、決めることで個人の自由は若干妨げられるが、全体の効率は向上し、結果として個人の活動も促進される。

③ 顧客のニーズを満たす製品・サービスをより効果的・効率的に得ることができる。この場合、単に決めるだけでは不十分で、その内容に既知のノウハウから見て技術的な必然性があることが大切である。

④ 悪さが顕在化し、その改善に取り組むことで技術レベルが向上する。標準化されていないと、仕事の内容が人によってばらばらで時々で変わってしまい、現状の悪さを把握することが困難となるため、改善が進まない。

標準化にあたっては、まず標準を定める必要がある。標準は作業標準書や○○規定など、文書の形で定めることが多いが、必ずしも文書である必要はない。映像、図表、現物見本なども含まれる。標準を定める際には、標準どおり行えばねらいの結果が得られるようにすることが大切である。このためには、標準化すべきものは無数にあるので、結果に影響を与える原因は何かを考え、影響の大きなものを見落とさないように

する必要がある。また、原因に関する取決めだけを定めると、標準どおり仕事をすることが目的になってしまう。原因に関する取決めに加えて、結果を評価する方法や評価結果に対する基準も含めることが大切である。これによって担当者が応急処置や改善の必要性を判断できるようになる。

　どんなによい標準を定めても、守らなければ意味がない。担当者が標準の内容を知らないのは教育の問題であり、標準どおり行えないのはスキル訓練や資格制度の問題である。さらに、定められた標準を意図的に守らないのは、効用と手間・悪影響のバランス、それらに関する意識の問題である。また、標準の内容を知っており、そのとおりやるスキルも意図ももっていたにもかかわらず、ちょっとした気の緩みから抜けや間違いが発生する場合もある。このような意図しないエラーを効果的に防止するにはエラープルーフ化が大切である。エラープルーフ化は、設備・機器、部品・材料、指示書、手順など、作業を構成する人以外の要素を工夫・改善し、エラーしないよう、エラーしても大丈夫なようにすることであり、意図しないエラーの観点から標準の内容を見直し、工夫・改善する活動ともいえる。

　どのような職場・組織であれ，標準が一切ないところはない。業務を行うにあたって既存の標準が果たしている役割を認識し、問題の原因やその対策を標準に結びつけて考えることが、日常管理を進める出発点である。

▌2.4　異常の検出・処置

　日常管理を支える第二の柱は「異常の検出・処置」である。プロセスの結果はさまざまな原因によってばらつくが、原因の中には、結果に与える影響が小さく、技術的あるいは経済的に突き止めて取り除くことが

困難または意味のない原因も少なくない。他方、プロセスの結果に影響を与える原因の中には、標準を守らなかった、設備が故障した、部品・材料が変わったなど、安定した結果を得るうえで見逃してはならないものもある。このような原因については、ただちにプロセスを調査しその原因を取り除き、再発防止につなげる必要がある。突き止めて取り除く必要のある原因によって結果が通常の安定した状態から大きく外れる事象は、「異常」または「工程異常」と呼ばれる[11]。

　異常は、不適合(定められた基準に合っていないこと)と明確に区別する必要がある(図 2.15 参照)。表 2.4 は工程能力が十分ある場合とない場合によって、異常と不適合とが食い違う状況を示したものである。不適合ではないが通常と比べると大きく異なる悪い結果やよすぎる結果が得られた場合には、安定した結果を得るうえで見逃せない原因があったと考えられるため、プロセスにおいて生じている変化を探し、よい条件

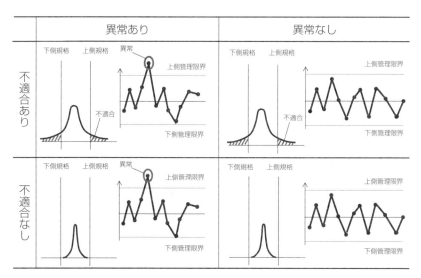

出典) JSQC-Std 32-001：2013「日常管理の指針」、p.11、図 6

図 2.15　異常と不適合

表2.4　製品寸法についての異常と不適合の例

工程	規格	通常	得られた結果	不適合／異常
工程A（工程能力が十分ある場合）	9.6～10.4cm	9.8～10.2cm	10.5cm	不適合かつ異常
			10.3cm	不適合ではないが異常
			10.1cm	異常でも不適合でもない
工程B（工程能力が不足している場合）	9.6～10.4cm	9.4～10.6cm	10.7cm	不適合かつ異常
			10.5cm	不適合だが異常ではない
			10.3cm	異常でも不適合でもない

注）　工程能力が不足している場合は、工程能力調査やプロセス解析などの結果に基づいて改善・革新に取り組む必要がある。また、改善・革新が完了するまでの間は、異常がなくとも不適合が発生するため、全数検査を行い、選別や手直しにより規格外のものが後工程に流れないようにしながら維持向上に取り組む必要がある。
出典）　JSQC-Std 32-001：2013「日常管理の指針」、p.12、表2

　から外れないように標準化する。これによって、よりよい結果を安定して得ることができるようになる。

　他方、定常的に不適合が発生してプロセスにおいていつもと同程度の不適合が発生した場合には、プロセスにおける変化をいくら探しても何も見つからない。ただし、このような慢性的に不適合が発生する状況をそのままにしておくことは、品質保証や経済性の点から好ましくない。特性要因図などを用いて結果に影響を与えそうな原因の候補（要因）を整理したうえで、実験などによりプロセスの条件を強制的に動かして原因と結果の関係に関するデータを計画的に収集し、その解析結果に基づいてプロセスの条件を従来と大幅に異なったものに変えることが大切である。

　異常、すなわちいつもと違う事象を見つけるためには、ある瞬間の結果を見てもわからない。結果を定常的に監視することが必要である。まさに、時間を追ってデータをプロットするという管理図の考え方が必要になる。ただし、あらゆる結果をずっと監視し続けるのは困難である。「管理項目」とは、目標の達成を管理するために、評価尺度として選定

した項目である[11]。日常管理では、目標を現状やその延長線上の水準に設定し、通常どおりの結果が得られているかどうかを確認し、必要な応急処置・再発防止処置をとるために用いる。**表2.5**にさまざまな仕事における管理項目の例を示す。観測可能な結果は無数に存在するので、その中から異常を見つけるうえで最も効果的なものを選ぶことが大切である。

　管理項目を用いて異常の発生を検出するためには、「通常」とは何かを客観的に判定できる形で定義しておく必要がある。「管理水準」とは、プロセスが管理状態(技術的・経済的に好ましい水準における安定状態)にある場合に、管理項目がとる値を定めたもので、一般に、

① 　中心値(管理状態における平均値)

② 　管理限界(管理状態における値の範囲)

の2つからなる。管理水準を定める場合には、通常達成している水準と望ましい水準を区別する必要がある。日常管理の目的はあくまでも安定

表2.5　日常管理のための管理項目の例

業務	管理項目	管理水準
○○製品の製造	不良率(不適合品の発生率) 1日の生産数 1回の段取りに要する時間 製造原価	5% ± 1% 100個 ± 5個 10分 ± 5分 30円／個 ± 2円／個
○○製品の販売	毎月の売上高 毎月の顧客訪問件数 引き合い件数／訪問件数 A社と競合した場合の勝率	1億 ± 1千万円 80件 ± 5件 30% ± 10% 50% ± 5%
○○製品の開発	マイルストーンに対する遅れ デザインレビューの実施率 発見した不具合件数／不具合の見積り件数 発売6カ月前の未解決の技術課題の件数	0カ月 ± 1カ月 100% − 5% 90% ± 10% 10件 ± 5

注)　デザインレビューの実施率の管理水準が片側しかないのは、＋側の105%を考えることが、特性の性質(100%以上の値をとることができない)上、意味がないからである。

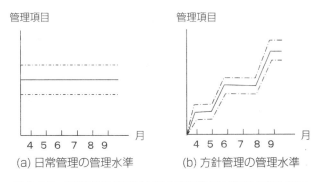

図 2.16 日常管理の管理水準と方針管理の管理水準の違い

したプロセスの獲得であるから、管理水準を定める場合には、現行のプロセスに関するデータを収集し、検出すべき異常とそれらの性質（発生頻度や変化の型）を明確にしたうえで、通常達成している水準をもとに定めることが大切である。

　なお、方針管理でも管理項目を用いるが、こちらは目標を現状やその延長線上から大きく異なる水準に設定し、そのような変化を生み出すために考えた方策が期待どおりの効果を発揮しているかどうかを確認し、方策の内容やその実施体制を見直すために用いるものなので、日常管理の管理項目とはずいぶん役割が異なる。管理水準についても、日常管理では時間に対して変化のない水平な線になるのが普通なのに対し、方針管理では時間に沿ってどう変わっていくべきかを示した階段状の線になるのが普通である（図 2.16 参照）。日常管理の管理項目と方針管理の管理項目を明確に分けたほうがよいといわれるのはこのためである。

コラム 7　標準化と管理項目に関する誤解

　標準化というと、ルールを決めること、統制することと理解している人が少なくない。しかし、TQM でいう標準化は、SDCA サイクルの中

のSであり、引き続いてCAを行うことを前提としている。言い換えれば、ルールを決めて、悪さを顕在化させ、それをもとにプロセスに関するノウハウを明らかにし、ルールを進化させていくことをねらいにしている。「ルールを決めても、そのとおり行えないので、守ってくれないので無意味だ」という人がいるが、そのとおり行えない、守ってくれないということがわかるようにすることが標準化の目的であり、その理由を掘り下げてプロセスを向上させていくことが大切である。

　また、標準化というと一律のやり方に統一すること、と理解している人が少なくない。しかし、TQMでいう標準化は、プロセスに関するノウハウに基づいて最もよいやり方をルールとして決め守っていくことである。結果 Y とアクション X の関係が他の条件 Z によって異なるとき、すなわち $Y=f(X, Z)$ という関係があるとき、Y を一定に保ちたいのであれば条件 Z に応じてアクション X を変えるのは当然である。これは自由にやってよいということではなく、$Y=f(X, Z)$ という科学的な関係に基づいて Y について最もよい結果が得られる X の条件をルールに基づいて選択している。これによって、$Y=f(X, Z)$ という理解の不十分な点を顕在化でき、Y と X の因果関係に関するより正確なノウハウを得ることがでさらに望ましい結果を達成することができる。

　管理項目の話をすると、「毎回行うことが変わるので一定になる結果はない」という人がいる。これについても、行うことが変わってもプロセスに関するノウハウ、結果と原因の関係 $Y=f(X)$ が変わるわけではないことが理解できれば、どう対応するのがよいのかすぐにわかる（もし、結果と原因の関係 $Y=f(X)$ が毎回不規則に変わるのなら、誰が仕事を行っても、どんなやり方をしても、結果がどうなるかは終わってみないとわからないことになる）。結果と原因の関係が変化しないとすれば、X や Y がどんなに変わっても、$Y-f(X)$ や $Y/f(X)$ を管理図や推移グラフに書けば、ほぼ同じ値がプロットされることになる。例えば、工事現場に導入した人員の数 X と完了した仕事の量 Y についていえば、Y/X

を求めてやればよい管理項目の候補になると考えられる。

　「人を相手にしている仕事なので、数値データがない」という人がいる。このような場合、どのようなケースがよい結果でどのようなケースが悪い結果かを聞くと、言葉でいろいろ説明してくれる。よい場合を１、悪い場合を０とすれば数値化ができる。また、よい結果と悪い結果の中間のケースを考えれば５段階（５点〜１点）などに区分けをすることも容易であろう。さらに、場合によっては写真などを撮ってそれぞれの段階に対応する基準を具体的に示すこともできる。例えば、顧客に対してよい笑顔ができたかどうかは、よい笑顔、悪い笑顔、その中間の笑顔などを写真に撮って示せば、誰にでも容易に判断できるようになる。このように考えると、結果が観測できさえすれば、結果の良し悪しが判断できさえすれば、数値化は必ずできることがわかる。数値化できれば管理図や推移グラフを書くことができる。管理図や推移グラフが書ければ過去の状況（平均やばらつき、変動の癖など）と比べて現在の状況がどうかを客観的に判断でき、いつもと違うこと（異常）に気付くことができる。

日常管理の進め方

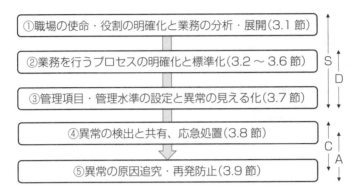

図 3.1　日常管理の進め方

　図 3.1 は、SDCA サイクルに沿って一つの職場における日常管理の進め方の流れを示したものである[17]。なお、ここでいう職場とは、一まとまりの業務を行う最小単位の組織であり、典型的には管理者 1 人、構成員数人～数十人の組織である。一般には、課、係、室、グループなどが対応する。

　図 3.1 の中で、①職場の使命・役割の明確化と業務の分析・展開から②業務を行うプロセスの明確化と標準化、③管理項目・管理水準の設定と異常の見える化までが、SDCA サイクルの S(標準化)にあたる。ただし、このうちの②と③は、S の中だけで完全に行われることは少なく、D(実施)の中で繰り返し行われ、補強されていく。また、④異常の検出と共有、応急処置から⑤異常の原因追究・再発防止までが C(チェック)と A(処置)にあたる。④では結果に対する C や A が中心になるのに対し、⑤ではプロセスに対する C や A が中心となる。本章では、それぞれのステップの進め方を詳しく見ていく。

3.1　職場の使命・役割の明確化と業務の分析・展開

　職場の日常管理を効果的かつ効率的に実践するためには、まず職場

の「使命・役割」を明確にする必要がある。ここでいう使命・役割とは、組織が経営目標を達成するにあたって必要となる役目・任務を分解し、それぞれの職場またはその構成員に割り当てたものである。職場の使命・役割は、一般に、「誰に対して何を提供するのか」という形で表現できる。例えば、製造職場では、要求事項（品質、コスト、量・納期など）を満たした製品を販売職場に提供することが使命・役割になるし、販売職場では、顧客の話をよく聞いてニーズを満たす製品・サービスを提供することが使命・役割になる。また、開発職場の使命・役割は、顧客のニーズを満たす製品・サービスの設計図を製造職場や営業職場に提供することである。

　各職場の使命・役割は、組織の経営理念、ビジョンおよび中長期経営計画から展開され、業務分掌に明記されているのが普通である。ただし、職場の使命・役割を明確にするためには、業務分掌を参考にしながら、職場の管理者や主要なメンバーが集まって話し合うことが大切である。明確になった使命・役割を職場の全員に自らのものとして納得・理解させるのは、管理者の役割である。

　次に、職場の使命・役割を「業務」に展開し、実行可能なレベルまで具体化する。ここでいう業務とは、使命・役割を達成するために行う必要のある活動・行為である。業務を具体化することで、各人がもっている、仕事に関するノウハウ（経験、知恵、工夫など）を集約し、活用するための枠組みが得られる。業務は、一般に、対象（名詞）と作用（動詞）を組み合わせることで表現できるため、日常行っていることをこの形に表し、1次機能、2次機能、3次機能などの階層にまとめること（機能展開）で、その内容を明確にすることができる。**表3.1**はこのような展開を行った一例である。

　業務はいくらでも細かく分析・展開できる。ただし、この段階ではあくまでWhat（機能）に着目し、それを行うHow（手順）までは展開しな

表 3.1　業務機能展開の例（販売職場）

1次機能	2次機能	3次機能
商品を販売する	在庫を管理する	在庫量を確認する
		商品を発注する
		商品を受け入れる
	商品を加工し、陳列する	商品を確認する
		商品を加工する
		包装資材を準備する
		商品を盛り付け・包装する
		商品を値付け・陳列する

いのがよい。例えば、表 3.1 では、3次機能が2次機能を実現するために行わなければならない作業の手順になっているので、2次機能までの展開に留めるのがよい。職場の規模によって行っている業務の複雑さは異なるため、何次機能まで展開すればよいかということは一概にいえない。手順の展開になったと判断されるところでやめればよい。

▌3.2　業務を行うプロセスの明確化

　職場で行っていることの分析・展開により得られた各業務については、それを行う手順を「プロセスフロー」として明確にする必要がある。ここでいうプロセスフローとは、複数のプロセスをつなげて、ねらいとする価値を提供できるようにしたものである。1つのプロセスのアウトプットが複数のプロセスのインプットになる場合もあれば、複数のプロセスのアウトプットが一つのプロセスのインプットになる場合もある。図 3.2 は表 3.1 の業務「商品を加工し、陳列する」のプロセスフローである。なお、この図において、矢印はモノや情報等の流れを示しており、時間の経過や原因と結果の間の因果関係を示しているわけでは

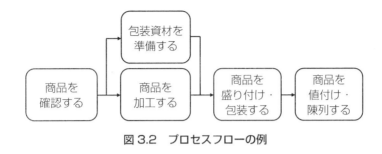

図 3.2　プロセスフローの例

ないので注意してほしい。

　プロセスフローを明確にしたら、次に、これに含まれる一つひとつの
プロセスについて、

① インプット

② アウトプット

③ 作業(アウトプットを生み出すために行うべき活動・行為)

④ 担当者

⑤ 使用する他の資源(設備・機器、エネルギー、ネットワークなど)

⑥ アウトプットに対する要求事項(基準)

⑦ アウトプットが要求事項(基準)を満たすためにインプット、作
　業、担当者および他の資源が満たすべき条件

を明確にする。例えば, 図 3.2 の「商品を加工する」プロセスについて
の①〜⑦をまとめると、表 3.2 のようになる。

　上記のうち、⑦は「良品条件」と呼ばれ[24]、これを明確にするには
プロセスの因果関係についての知見が必要となる。プロセスを大幅に変
えるための改善・革新では、実験を含めたさまざまな解析を行っている
ので、これらの解析の結果が良品条件の根拠となる(当該の情報がない
場合には、業務の様子をつぶさに観察したり、担当者から経験を聞き取
ることが大切である)。

　職場で行っている各業務についてのプロセスフローとそれに含まれる

表3.2　プロセスフローに含まれる一つひとつのプロセスの明確化の例

プロセス		商品を加工する
インプット		未加工の商品
アウトプット		加工済みの商品
作業		傷んだ部分を除き、一定の大きさにカット
担当者		加工担当者
資源		包丁、まな板、水
要求事項（基準）		傷んだ部分が●●以下 大きさが■■±▲▲
良品条件	インプット	商品等級2以上
	作業	標準書 SOP-XX に従った作業
	担当者	カット・加工に関するスキル3以上
	資源	衛生管理基準を満たしていること

　各プロセスの①〜⑦をまとめた表は、当該の業務についてのこれまで蓄積されたノウハウを整理したものであり、これが次の作業標準書の作成のベースとなる。

コラム8　プロセスフロー図と業務フロー図

　図3.2に示したようなプロセスフロー図は、基本的にプロセスを表す「箱」とプロセスの間の関係を表す「矢印」から構成される。これを見ることでプロセスの全体の流れを把握できる。ただし、ここで、矢印が何を意味しているのか注意する必要がある。

　プロセスフロー図における矢印は、プロセスのインプットまたはアウトプット、すなわち「プロセスの間で受け渡されるもの」（製品・サービス、部品・材料、設備・機器、ソフトウェア、書類、情報、エネルギー、人、金銭など）を表している。したがって、矢印が表しているものを一つひとつ明確にし、それぞれに対する要求事項や良品条件を考えることで標準化のベースとなる表3.2を明らかにしていくことができ

る。

　プロセスフロー図に似たものにフローチャートがある。こちらも、箱や矢印から構成されている図であるが、プロセスフロー図と異なり、矢印は時間的な流れを示している。これを見ることで、作業の全体の流れを把握できる。作業を担当する人や複数の担当者の間の作業の同期を意識した業務フロー図、UML（Unified Modeling Language）のアクティビティ図なども基本的には同じである。

　その他、箱と矢印を用いた図には、連関図、状態遷移図、リレーションダイアグラムなどがある。連関図は、箱が要因を、矢印が因果関係を示しており、因果関係の全体像を把握するのに適している。また、状態遷移図では、箱が状態を、矢印が状態遷移の引き金となるイベント（事象）を表している。さらに、リレーションダイアグラムでは、箱が登場人物やシステムなどのものを、矢印が関係性を表している。

　いずれも形から見ると似た図であるが、箱や矢印の意味するものが異なるため、それぞれの図の特徴を理解し、うまく組み合わせて使用するのがよい。

3.3　作業標準書の作成と改訂

（1）　作業標準書とは

　アウトプットが要求事項（基準）を満たすためにインプット、作業、担当者および他の資源が満たすべき条件については、その実現方法を検討し、文書や動画マニュアルなどにまとめる必要がある。作業標準書とは要求事項をできるだけ効果的・効率的に実現するための方法を定めたものであり、なすべき業務について今まで行われた分析と総合の最終成果である。作業の担当者が替わった場合でも同じ作業が行われ、同じ成果が得られることを確実にする手段であり、組織の中のさまざまな部門・

階層で作業に関する同一の理解を得ることに役立つ[25][26][27]。

　図3.3に作業標準書の一例を示す。作業標準書には、一般に、次の項目を含める。

① 　適用範囲

② 　作業の目的

③ 　使用する材料、部品、情報、およびそれらが満たすべき条件

④ 　使用する設備、機器、およびそれらが満たすべき条件

⑤ 　作業を担当する者が有すべき資格・スキル

⑥ 　作業時期、作業場所

⑦ 　作業の手順、やり方

⑧ 　品質、安全などを確保するうえで守るべき急所・ポイントとその
　　理由

⑨ 　品質を判定する基準、そのための計測方法

⑩ 　異常時の処置

⑪ 　改訂履歴(いつ、どのような改訂を、どんな理由で行ったか)

　作業標準書には、目的を達成するために具体的にどんな行動をとる必要があるのかが示されていなければならない。ただし、手順ややり方だけでなく、守るべき急所・勘所、およびなぜそれらを守ることが大切なのかという理由がわかるようにすることが重要である。例えば、手順の横に急所・ポイントをわかりやすい言葉や絵で示し、関連する過去のトラブル・事故を付記しておくのがよい。また、結果を評価する方法と基準、不適合や異常が発生した場合にとるべき行動も含めておくことも大切である。これによって担当者が応急処置や改善が必要かどうかを判断できるようになるとともに、迅速かつ確実な行動がとれるようになる。

(2)　作業標準書の種類

　作業標準書を活用する際には、作業標準書を、内容や目的に応じて、

適用範囲	フルーツケーキ作り(デコレーション)	達成すべき目的	顧客に満足してもらえるようなフルーツケーキを提供する。
		回避すべき危険	設備などでケガをしないようにする。
使用機器	ヘラ、スプーン、ボール、筆、軍手		
使用材料	スポンジ、生クリーム、みかん、いちご、グレープフルーツ、ブルーベリー、ナパージュ、透明フィルム、箱		

番号	作業の手順	作業の急所・ポイントとその理由
1	カットされているスポンジを台の上に並べる。	間隔が均等になるように置く。
2	専用の機械を使ってスポンジに生クリームを塗る。	うまくいかないときはヘラでなじませる。
3	スプーンを使ってみかんを乗せる。	生クリームに手が当たらないようにする。
4	いちごを先が真上を向くように乗せる。	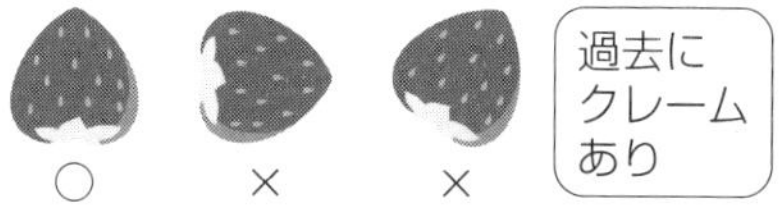
5	グレープフルーツを乗せる。	生クリームに手が当たらないようにする。
6	ブルーベリーをヘタを外した側が見えるほうを上向きにして乗せる。	
7	筆でナパージュを塗る。	すべてのフルーツに均等に筆で塗る。生クリームに垂らさないようにする。
8	見本と比較し、もれがないかをチェックする。	見本に示された順序に従って行う。
9	透明フィルムを貼る。	生クリームがつかないようにする。
10	箱に詰める。	倒さないように丁寧に作業する。
11	台車に積む。	数を間違えないように揃えて載せる。ケガ防止のため、軍手をする。

できばえの基準	見本と比べて、どれほど同じものを作れているかを判定(4点以上)。フルーツの向きや置く場所まで徹底する。		
異常の場合の処置	ラインの速度が速すぎたり遅すぎたりするとき、異常を発見したときはただちに上司に連絡をする。		
改訂履歴	年月日	理由	備考
	YY年MM月DD日	商品追加による制定	

図3.3　作業標準書の例

いくつかに区分して考えるのがよい。第一に、作業標準書は、その内容により大きく「手順書」と「条件書」の2つに分けられる。例えば、新しい製品・サービスの場合、どのような部品・材料・情報を使うか、それらをどのように組み合わせるか、どんな条件で処理するかは従来の製品・サービスと異なるのが普通である。しかし、洗浄、カット、包装、計算などの作業の手順は、製品・サービスの種類に関係なく一定の場合が多い。手順書は製品・サービスが変わっても共通な要素作業について、その手順や注意点を定めたものである。これに対して、条件書は、製品・サービスに固有の条件を製品・サービスごとに一覧表などを用いて記述したものである。手順と条件という性格の異なる2つの情報を1つの作業標準書にすると、冗長な部分が多くなる。両者を分けて別々の標準書とすることで簡素にすることが可能となる。

　第二に，作業標準書は、その使用目的から「原簿」、「教育訓練用」、「現場掲示用」の3つに分けられる。原簿には、作業内容の詳細、根拠となる技術情報、改訂の履歴・理由などがすべて記される。原簿は、現場での使用には適さないが、作業に関するノウハウを組織的に蓄積するために重要である。教育訓練用は初めてその作業に従事する人の教育訓練に使用することを目的として、原簿から、対象者のレベルに応じて不要な事項を省略したものである。また、現場掲示用は、教育訓練用の中からさらに、作業のポイント、加工条件や設備の運転条件など、経験のある作業者が必要な事項を抜き出したものである。教育訓練用では初めての人にもわかるようにできるだけ丁寧に記述することが大切なのに対して、現場掲示用では一見して作業のポイントがわかること、使いやすいことが重要となる。

(3)　作業標準書の作成方法

　作業標準書を新たに作成する方法には、「現行作業をそのまま標準書

にして継続的に改訂していく方法」と「重点的にプロセスを選定・解析
し、その結果に基づいて標準書を作成する方法」の2つがある。前者
は、従来決まっていなかったことが明確になるという利点がある反面、
作業標準書の量が膨大になる、一度作成すると安心して改訂が行なわれ
ないなどの欠点がある。作成後の改訂が大切で、これを組織的に推進す
る仕組みを確立しておくことが前提となる。

　他方、後者は、品質の確保に役立つ標準化が行える、不要な記述がな
く簡素なものができる、「作業標準書はよいもの」という現場の信頼が
得られるなどの利点がある。ただし、ある程度作業が標準化されていな
いと、適切なプロセスの解析が困難な場合があること、現場と遊離した
ものになる危険性があることについて十分注意しておく必要がある。し
たがって、これら2つの方法を適切に組み合わせることが有効である。

　どのような方法を用いるにしても、作業標準書の作成においては、次
の点に注意するのがよい。

① 　定められているとおり行えば必ず要求事項を満たす製品・サービ
　　スが得られるようにする。プロセスの条件は無数にあるので、結果
　　として製品・サービスの品質に影響を与えるものを押さえる。影響
　　の大きなものを見落とさず、影響の小さいものは無視するようにす
　　る。

② 　誰もが容易に定められたとおりできるようにする。IE[28][29] や人
　　間工学[30] の面から検討を行うとともに、作業標準書の間の矛盾を
　　取り除いておく。

③ 　結果の品質に関する評価の方法と基準を示す。必要なすべての要
　　因やその許容範囲が明かでない場合も多い。評価の方法と基準を示
　　すことは、迅速な応急処置やプロセスの改善のために必要である。

④ 　簡潔を旨とする。例外事項は避ける。個々の場合には標準どおり
　　やらないほうがよい場合もあるが、それに関する規則を制定・周知

するより多少の損はあっても標準に従ったほうが得な場合が多い。また、内容をどこまで詳しく記述するかは担当者の教育・訓練レベル、監督の程度によって異なる。詳細な標準書を作ったからといって作業が完全に管理できるわけではない。逆に、担当者が仕事をするうえで必要な知識をすでにもっているのなら、改めて標準書を作っても意味がない。

⑤ 図、イラスト、写真、動画、現物などを活用する。文章で説明するよりこれらを用いるほうがわかりやすい場合も多い。ただし、論理的な理解には適していないので、文章による記述と組み合わせて使用する。

⑥ 当該のプロセスについてよく知っている専門家と当該の作業に精通している人が協力して作成する。これによって、技術的にしっかりした、しかも行いやすさや間違いにくさに配慮したものができる。

⑦ 実施および改訂に関する責任および権限の範囲を明確にしておく。また、権限はできる限り委譲しておく。

(4) 作業標準書の改訂

不適合や異常の解析によって新たなノウハウが得られたとき、現場から提案のあったとき、標準書の間違い・不備を発見したとき、アウトプットに対する要求事項（基準）が変更されたとき、設備・方法などに技術的改善があったとき、計測器の設置・改造が行われたとき、部品・材料や他の作業標準書が変わったときなどには、作業標準書を迅速に改訂する必要がある。作業標準書の改訂においては、次の点に注意するのがよい。

① 設備、計算機プログラム、担当者、アウトソース先など、プロセスの結果に影響を及ぼす可能性のある要因の変更について、その責

任・権限・手続きをあらかじめ定めておく。

② すべての変更を同じやり方で取り扱うのは非効率である。変更を
その内容によってランク分けし、それぞれの重要度に応じた変更手
続きをとる。

③ 変更を計画する際は、目的とする効果が得られるかどうかだけで
なく、予期しない他の問題が生じないかどうかについても事前に検
討を行う。

④ 変更を実施する際は、仮の作業標準書を定め、それに従って実施
する。また、関連する部門に変更の目的、内容、実施時期を事前に
連絡し、理解を得ておく。

⑤ 変更を行った後は、適切なデータを収集・解析し、変更の目的の
達成状況、他の品質や生産性に対する影響を調査する。

⑥ 新しい作業標準書が発行されているにもかかわらず古い標準書を
そのまま使ったために発生するトラブルも多い。不要となった標準
書を現場から確実に撤去する。

⑦ 改訂のもとになった改善活動とのつながりが明確になるようにす
る（図 3.4 参照）。これによって、維持向上のための活動と改善・革
新のための活動が密接に結びついたものであることの理解が、職場
に浸透する。

作業標準書は、特別なことがなくても、一定期間（例えば、1 年など）
経ったら見直しを行うのがよい（標準書の棚卸しと呼ばれる）。見直しに
あたっては、使われているか、記載されている内容の技術的な根拠が明
確になっているか、わかりやすさ・やりにくさなどの配慮がなされてい
るか、改訂が決められた手続きで行われているかなどの視点を設定して
行う。ときどき、長期間改訂されていない作業標準書を見かけるが、こ
れは当該の標準書が使われていない、または当たり前のことしか書かれ
ていない役に立たないものになっている証拠と考えるのがよい。

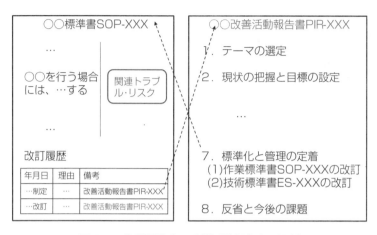

図3.4　作業標準書と改善活動報告書の関係

3.4　標準の教育とスキル訓練

　作業標準書を作ればそれに従った作業が行なわれるわけではない。担当者、関連する管理者にその内容を理解させ、必要ならば訓練を行わなければならない。作業標準書を作る前の要因解析と作った後の教育・訓練が適切に行なわれて初めて本当の意味の標準化ができる。

（1）　標準の教育

　知識の伝達は比較的容易であるが、教えるべきことが整理されていない、十分教えていない、教えた後フォローしていないことがないようにする必要がある。新人や応援者に教えそこなっているケース、作業標準書が改訂されたことを周知しそこなっているケースが多いので、いつ、何を、どのような方法で、何のために教えるのかを一覧表などにまとめ、必要な人に必要な教育が抜けなく行われる仕組みを確立する必要がある（表3.3参照）。

　作業に先立って担当者が最低限理解していなければならないことに

表3.3　標準の教育の例

いつ（時期）	何を（内容）	どのように（方法）	何のために（目的）
入社時	標準書の役割	新人教育の中で	標準書に従う大切さを理解する。
配属時	標準書の見方担当業務の作業標準書	配属教育およびOJTの指導の中で	担当業務を正しく理解する。
問題発生時	問題が発生したプロセスの作業標準書	問題解決のための活動動の中で	問題が発生したプロセスを理解し、原因を洗い出す。標準書を作る力を養う。
変更時	変更の内容・理由	変更前後の相違点をまとめたシートを用いて	変更を正しく理解する。
見直し時	担当業務および関連業務の標準書	標準書見直しのための活動の中で	標準書の不備・不足点を洗い出す。標準書を作る力を養う。
管理・監督職への昇格時	管理する職場の作業標準書および関連する規定	昇格教育の中で	作業のつながり、責任権限を理解する。標準化の体系を理解する。

は、次のものがある。

①　作り込むべきねらいの品質と、それが後工程および最終の製品・サービスの品質に与える影響。

②　品質の達成状況を確認する方法、ならびに要求に適合していない場合にプロセスおよび作業を調整する方法。

③　作業内容に関して、現場掲示用の作業標準書の見方、および掲示されていない事項。

教育した内容が理解されているかどうかについては定期的にフォローする必要がある。試験（テスト）による方法、3.5節で述べる作業パトロール・作業観察によって評価する方法などがある。

(2)　スキルの見える化

　担当者が作業標準書の内容を知っていながらそのとおり行えないのは、スキル(技能)の問題である。この場合には、作業標準書に基づいた訓練を計画的に行う必要がある。訓練のねらいは習熟であるが、ただ作業をやらせて放置するのでは効果が少ない。習得すべきスキル、求められるレベル、およびそれらの評価方法を明確にしたうえで、一人ひとりのスキルの現状を評価し、それに基づいて訓練を計画・実施すること、その結果を本人にフィードバックすることが重要である[31][32]。

　スキル評価の目的は、組織における一人ひとりのスキルの状態を目で見える形に視覚化することである。スキル評価を行うことで、各職場にどのようなスキルをもった人がどのくらいいるのかという人的リソースの現状が明確となり、将来を含めた、行うべき仕事の内容・量と比べてどのような部分に乖離が生じているか、どのようなスキルの強化・改善が必要なのか明らかとなる。また、一人ひとりのスキルレベルがはっきりすることで、個人別の訓練計画を立て、着実なスキル向上を図ることが可能となる。このように、スキル評価は、長期的・短期的な視点から組織・職場におけるスキルの育成を図るうえでのベースとなる。

　職場におけるスキル評価の結果をわかりやすくまとめた一覧表がスキルマップである。図3.5 に一例を示す。いろいろな様式のものがあるが、スキル項目を横軸(または縦軸)に、人を縦軸(または横軸)にとってマトリックスを作り、各セルに当該の人の、当該のスキル項目に関する現在のレベルを書き込んだものがよく使われる。レベルを表す方法には、円や四角形を 4 等分し塗りつぶしていくもの(マスがすべて白のときはまったくスキルがないこと、すべて塗りつぶされたときは最高のスキルレベルであることを示す)、I、L、U、O の文字を使用するものなどがある。

　スキルマップが有効に機能するためには、スキル項目をどう選ぶかが

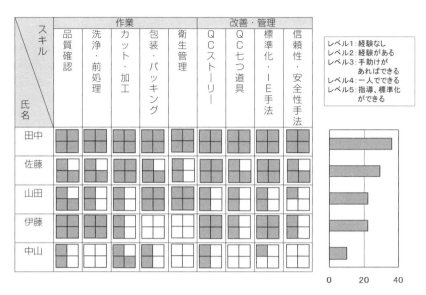

図3.5　スキルマップの例

重要となる。業務機能展開の結果や作業標準書などをもとに当該の職場で行う必要のある業務およびそのプロセスを明確にしたうえで、それぞれの業務を行うために必要となる「スキル」を抽出・列挙し、得られた項目をその類似性に基づいてグループ化し、系統図などにより体系的に整理するのがよい。業務と「スキル」との関係はマトリックスなどを用いて視覚化しておく。なお、スキル項目には、作業を行うのに必要なスキルに加えて、QCストーリーやQC七つ道具、標準化・IE手法など、作業を改善・維持向上するスキルも含めておくのが効果的である。

　スキルのレベルは、一般に、業務のアウトプット、パフォーマンス（不良率、生産性など）、技能試験の成績などを用いて評価される。ただし、定量的な評価が困難な場合も少なくない。このようなときには、3～5段階の尺度を設けて、それぞれのレベルが意味するものを言葉や写真で記述するなど、できるだけ客観的な評価が行える工夫を考えるのがよ

表3.4　スキル評価のための段階尺度の例

スキル項目	到達レベル				
	1	2	3	4	5
○○設備の使用	使用できない	設定された設備の使用ができる	条件表に基づく設備の設定・調整ができる	診断結果に基づいて設備の修理ができる	設備故障時の診断ができる
□□加工作業	加工できない	基本仕様 AA の加工ができる	BB や CC などの仕様の加工ができる	特別仕様 ZZ の加工ができる	人に教えることができる
△△確認作業	確認できない	見逃し率5% 以上	見逃し率5 〜 1%	見逃し率1 〜 0.05%	見逃し率0.05% 未満

い。表 3.4 に一例を示す。また、スキルレベルの実際の評価にあたっては、一人の人が評価を行うのでなく、本人を含めた複数の人が独立して行い、それらの結果を総合して判定するのがよい。

　さらに、一つの職場には複数の職能・職位の人がいるのが普通である。上記の評価尺度を用いて、職能・職位ごとに求められるスキル項目・レベルを明らかにし、そのレベルを達成した人にはより広い範囲の業務を行えるような仕組みを考えるのがよい。これにより、キャリアパスとスキルレベルの向上との関係がより明確となる。

（3）　スキルの計画的な育成

　スキルマップは組織の中長期人材育成計画や配員計画と関連づけて活用するのがよい。中長期の経営目標・戦略に基づいて、いつごろまでにどのような人材が何人くらい必要となるかを明らかにしたうえで、これとマップに示されているスキルの現状値および最近数年の改善傾向と対比し、組織として重点的に取り組むべき領域を明らかにするのがよい。

　また、スキルマップは、一人ひとりの訓練計画と密接に関連づけて活

用するのがよい。マップに示された各人の現状値をもとに、一定期間内に達成すべき個人別の目標値を設定し、これを実現するために、いつどのような訓練を行うか決める。訓練が予定どおり行われているか、これに伴ってスキルが計画どおり向上しているかを確認しながら、効果的・効率的な訓練の実現をめざす。個人の評価をはっきりさせるのは労務管理上好ましくないといわれるが、訓練を受けただけでその成果がまったくわからない場合と、その成果を知って不十分な項目を改めていこうとする場合とでは、スキルの向上は著しく異なる。スキルレベルを評価する目的を明らかにし、評価を受ける人・評価する人・結果を活用する人が全員納得のうえで進めることが望ましい。

　訓練とは、特定のことを繰り返し行って習熟することである。ただし、単に同じことを繰り返すだけでは効果的な訓練にならない。習熟スピードが速くなるように、何をどのように繰り返すのかを工夫することが必要である。鏡を見ながら、動画で確認しながら、ベテランの人に指摘してもらいながら繰り返すのも一つの方法であり、いろいろな状況を想定して繰り返すのも、技能のレベルに応じて内容を変えながら行うのも一つの方法である。OJT という言葉をよく聞くが、どのような内容をどのようなステップで行うのか計画を決めて実施すること、習熟の結果を評価し、その結果をもとによりよい訓練の方法を見つけていくことが大切である。

　訓練によるスキルの向上には時間がかかる。製品・サービスの品質が担当者のスキルに大きく依存し、作り込まれた品質の状態が通常の検査や試験で確認できないプロセス(溶接や半田付けなど)については、担当者を認定された資格をもつ人に限定するための資格制度を設けるのがよい。業務に必要な資格については作業標準書などに明記するとともに、一人ひとりの資格取得の状況については、職場に一覧表を張り出したり、名札にマークなどを表記したりすることで明確にするのがよい。

（4）　変化対応力の向上

　職場によっては、経営環境の変化によって業務の種類・量が大きく変わることも多い。このような場合、変化のたびに、3.2 〜 3.4 節で述べたような、さらには 3.5 〜 3.6 節で述べるような取組みを行うことが求められ、これによって生産性が低下する。変化の頻度が低ければ問題にならないが、大幅な変化が頻繁に発生する場合には、変化に対応して3.2 〜 3.6 節の内容を迅速に行える能力、すなわち変化対応力を向上することが必要となる。変化対応力を向上するには、3.2 〜 3.6 節を行ううえでボトルネックになっている要因を明確にし、その解消を図ることが大切である。**図 3.6** にこのような検討の一例を示す。この図では、生産する品種・量の変化に伴って生産性が低下する要因を結果系の KPI や要因系の KPI を活用しながら系統図で掘り下げ、ボトルネックとなる要因を明確にしている。そのうえで、それぞれの要因に対する改善策を検

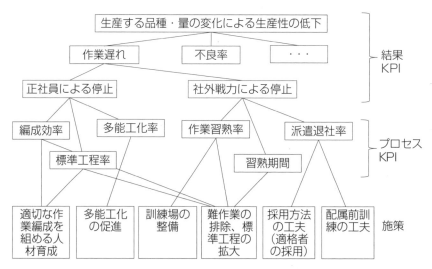

出典）　中村聡・高倉宏：『〈品質月間テキスト No.424〉経営環境の変化に応じた独自の
　　　　TQM 推進』、品質月間委員会、2017 年、p.35、図 5.2 をもとに作成

図 3.6　変化対応力の向上の検討例

討している[33]。

(5)　設計業務の教育・訓練

　製造や物流など、物を扱う業務については、IE などの考え方や手法を活用することで業務の内容を要素作業・動素に分解し、それぞれに求められる知識・スキルを明確にすることは比較的容易である。しかし、ソフトウェア開発などの設計業務では、情報を対象にするため、要素作業を明確にすることが難しい。ただし、このような場合も、設計を「既存および新規のノウハウを使って与えられた要求事項を満たす具体的な方法を導出する活動」と考えることで、情報を変換するプロセスとして捉えることが可能となり、要素作業や各要素作業で必要となる知識・スキルを明確にすることができる[34][35]。

コラム 9　プロセスの分解

　業務を行うために必要な知識・スキルを抽出・列挙するためには、業務を行うためのプロセスをあらかじめ分解しておくのがよい。これは、3.6 節で述べる、業務における起こりうる「意図しないエラー」を洗い出すうえでも重要である。

　一般に、業務を行うためのプロセスは、どのような大きさに分けることもできる。大きく分けると、内容が曖昧になったり、一つのサブプロセスに対して考えるべき知識・スキルや起こりうるエラーの数が多くなったりするため、抜け落ちの可能性が高くなる。他方、細かく分けると、検討しなければならないプロセスの数が多くなるため、分析に時間がかかる。また、最初から細かく分けようとすると不必要な細部を追いかけることになりやすく、時間を浪費することになる。

　このため、**図 3.7** に示すように、まず、全体を少数のプロセスに書き下したうえで、各プロセスをより細かいサブプロセスへと分解すると

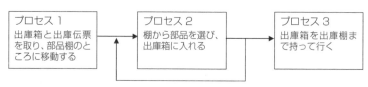

サブプロセス:

1a. 出庫計画表を見て、出庫すべき伝票ナンバーを調べる
1b. 出庫伝票を選ぶ
1c. 出庫伝票のナンバーと出庫計画表のナンバーを照合する
1d. 出庫計画表の出庫者名の欄にサインする
1e. 出庫伝票を持って出庫箱の棚まで移動する
1f. 出庫箱を選ぶ
1g. 出庫伝票と出庫箱をもって部品棚まで移動する

サブプロセス:

2a. 出庫伝票の部品番号を端末に打ち込む(パレットが自動で手前にくる)
2b. 端末に表示されるトレー番号(1、2、…)を見る
2c. パレットから該当する番号のトレーを選ぶ
2d. トレーと出庫伝票の部品番号を照合する
2e. 出庫伝票に記されている数量を取る
2f. 出庫箱に入れる
2g. 出庫伝票の該当部品欄に出庫済みマークを付ける
2h. トレーを戻す

サブプロセス:

3a. 出庫伝票を確認する(すべての部品に出庫済みマークが付いているかどうか)
3b. 出庫伝票の出庫者欄にサインする
3c. 出庫伝票を出庫箱に入れる
3d. 出庫箱を出庫棚まで持って行く
3e. 出庫箱を出庫棚の所定の位置に置く

図3.7　プロセスの分解の例

いう段階的なアプローチをとるのが有効である。図3.7では、出庫作業という複雑なプロセスを大まかに3つのプロセスに分けて捉えたうえで、そのそれぞれをさらに複数のサブプロセスに分解している。

　なお、このような考え方は、プロセスの分解だけでなく、起こりうる故障を洗い出すために、設備・機器をコンポーネント、サブコンポーネントに分解する場合にも利用できる。

▌3.5　意図的な不遵守の防止

　人は、なるべく楽をしようとする。やらなくてもよいことは省こう、一度ですませられることはまとめて行おう、近道があれば通ろうとする。作業標準書で決められたルールを意図的に守らないというのは、動

3

機づけの問題である。意図的な不遵守やそれらに起因するトラブルなど
を防ぐためには、人がもつこのような特性を理解したうえで、1.4 節(3)
(pp.19〜20)で述べた①〜③のマネジメントを実践することが大切である。

（1）　ルールを守る効用や手間・悪影響の評価の改善

　ルールを守る効用や手間・悪影響を評価・改善するには、まず守るべ
きことを明確にする必要がある。一つの効果的な方法は、作業標準書を
用意することである。そのうえで、作業標準書とその元になった改善活
動の結果を対応づけることで、それぞれのルールを守る効用やその大き
さを評価することができる。効用が曖昧なルールについては見直しを行
う。他方、ルールを守る手間・悪影響については、エルゴノミクス評価
や人間工学シミュレータを活用し、作業を行う際の姿勢や負荷の大きさ
を点数付けするのがよい[36][37]。図 3.8 にエルゴノミクス評価の一例を
示す。評価が基準を下回る部分については、作業方法や作業環境の改善
を行う。

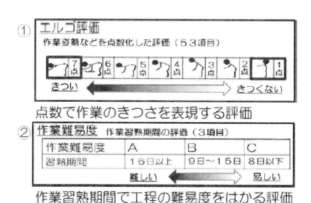

注）　エルゴ評価で 30 点以下、習熟期間 8 日以下をやさしい作業と判定。
出典）　日野自動車株式会社フレッシュ S サークル：「第 5783 回 QC サークル関東支部改
　　　善事例チャンピオン大会要旨集」、2016 年、p.107

図 3.8　エルゴノミクス評価の例

　業務を依頼したり、権限を委譲したりする際の問題を改善するには、関連する作業標準書を一つひとつ取り上げ、

①　うまくいかないケースをどのくらい想定できているか。

②　そのようなケースが発生した場合に関係者が集まって連携・協力して解決する方法が明確になっているか。

を確認する。ただし、うまくいかないケースを抜け落ちなく洗い出すためには、3.4節や3.6節を参考に、起こりうる知識・スキル不足、意図しないエラーを明らかにする必要がある。またこれに加えて、設備の故障や材料ロットの切り替えなど、ハードウェアに起因するトラブルを予測することも必要である。さらに、通常どおりの作業が行えている場合の工程能力（結果のばらつき）を評価し、要求されているレベルに対して十分かどうかを判定し、起こりえる不適合を予測することも必要である。これらの検討結果については、うまくいかないケースが発生した場合の解決方法を含めて一覧表に整理しておくのがよい。

(2)　意識の偏りの見える化

　効用と手間・悪影響に対する意識の偏りを見える化するには、MIBM（まぁいいか防止メソッド）が有効である[5]。この方法は、意識の偏りを防ぐ主な方法が、以下で述べる a)〜d) であることを踏まえ、職場の各人に a)〜d) がどの程度実践されていると思うかをアンケート調査するものである（表3.5参照）。得られた a)〜d) の平均を職場やルールごとにレーダーチャートに表したり、これらと遵守状況との関係を散布図や回帰分析などで解析したりすることで、強化すべき領域を明確にすることができる。図3.9に一例を示す。

　MIBM の a)〜d) は、それぞれ次のような取組みに対応している。

a)　作業標準書に定められたとおりに行う知識・スキルがない担当者（新人や応援者など）に作業を任せたり、そもそも標準書どおりに行

表 3.5　意図的不遵守および取組みの実態を把握するアンケートの例

ルール	遵守状況	a)実施方法の教育・訓練	b)守る意義の理解・納得	c)不遵守に対する職場での指導・指摘	d)ルール検討への参加
○○○○	4	3	4	4	2
△△△△	2	3	3	2	3

注）　各項目は4段階で答えてもらう。例えば、遵守状況については1. 行っていない～4. 常に行っている、b)については1. 意義を知らない～4. 実際に自分で体験したことがある、c)については1. 指摘・指導はない～4. 指摘・指導が常に行われているなど。

アンケート調査結果	遵守状況とa～dの関係についての観察事項	基本方針	目標	取組み事項
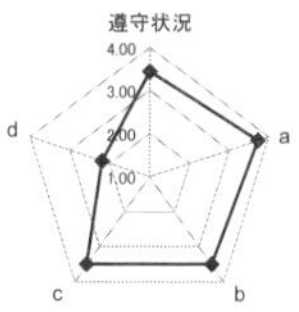	• cの効果が大きい。ただし、bが高い職場では、cの効果は小さい。 • aの高い職場では、dの効果が大きい。ただし、aの低い職場では逆効果になる。 【回帰分析の結果より】	項目cとdを向上する	3カ月後c=4.8 d=4.0	• パトロールチームを作り、週1回巡回する。 • 巡回のためのチェックリストを作成する。 • 交替でパトロールチームに参加するようにする。 • 現在一部の人の参加となっているQCサークル活動を推進し、一人が半期に1テーマは取り組むようにする。

図 3.9　MIBM の適用例

えない作業の計画を立てたりすることのないようにする。詳細は 3.4 節を参照。

b)　なぜ守らなければならないのか、守らないとどうなるかなど、守るべきことの必要性・理由を理解・納得させる。作業標準書に守らなければならない理由、守らないとどうなるかを明記する。また、標準書を改訂せず、標準書と異なる作業を行わせることのないようにする。作業方法を変更する際には、まず標準書を改訂し、改

訂した標準書に沿って作業することを徹底する。

　そのうえで、守らなかったために発生したトラブル・事故の実際の事例を用いて、標準書を守ることの重要性を研修や朝礼などの場で話をすることで、標準書を守ることが品質や安全の確保、生産性の向上につながり、ひいては会社の、自分達の利益につながることを理解させる。標準書を守らない場合に発生することを疑似的に体験できるような場を設けたり、シミュレータを工夫したりするのが有効である。

c)　顧客が要求しているから、納期に間に合わないからと１つの特例を認めると、守らなくてもうまくいったという成功体験によって、また、当該の行動を職場で働く他の人が見ることによって、作業標準書を守らない行動が広がっていく（標準書どおり作業していないことが一部でも容認される職場では、標準書を守るという意識は生まれないことを理解する必要がある）。

　作業パトロール・作業観察は、班長などの監督者、品質保証部などのスタッフが作業の実施状況を継続的・定期的に観察し、標準書が守られていない場合にはすぐに本人に指導するとともに、そのような行動が発生した原因（意図的な不遵守を防止する取組みの弱さ）を分析し、再発防止の対策をとる活動である。

　ただし、作業パトロール・作業観察が有効とわかっていても、作業を別の人が観察するのは効率的でないため、行っていない場合も多い。この難しさをいかに克服するかがポイントとなる。意図的な不遵守は、意図しないエラーと異なり、傾向的に発生する。意図的な不遵守が起こりそうな作業、時間帯、状況などを洗い出し、これをチェックリストにまとめ、そこに焦点を絞ってパトロール・観察を行うことで、不遵守の実態を効果的・効率的に把握できる。

d)　人は他人の作ったルールには反発するが、自分で作ったルール

は守る。作業標準書を専門スタッフが作り、担当者に盲目的に守らせるというのは、教育レベルや潜在能力が高い職場においては人間性を蔑ろにすることにつながる。全員が作業標準書を自分で作るだけの能力を身につけ、その作成・改訂に参加するようにするのがよい。第2章で概説した、QCサークル活動などの小集団改善活動は、このための有効な仕組みとなる。

3.6　意図しないエラーの防止

　守るべき作業標準書が明確で、担当者がその内容を熟知しそのとおり行うスキルと意志をもっていても、ちょっとした気の緩みから、度忘れ、見間違い、勘違いなどの意図しないエラーが発生する。意図しないエラーについては、1.4節(4)(pp.23 ～ 24)で述べた①～③のマネジメントを実践することが大切である。

(1)　エラープルーフ化とその原理

　意図しないエラーによるトラブル・事故・不祥事が発生すると「気が弛んでいるからだ」と怒る管理者がいるが、大脳生理学の研究で人の注意力は数十分しか続かないことがわかっている。この事実を無視し、注意力でエラーを防止できると考えるのは論理的に間違っている。他方、これらエラーの発生率やその影響は作業のやり方によって大きく変わる。エラープルーフ化とは、作業方法(部品、材料、設備、治工具、作業指示書、手順などを含む)の工夫・改善によって、エラーの発生しにくい、エラーが発生しても重大な結果に至らないようなプロセスを作り上げることである(バカヨケ、ポカよけ、フールプルーフ、FPなどさまざまな名前で呼ばれている)[38][39]。

　生産、サービス提供、設計開発などで行われているエラープルーフ化

の方法にはさまざまなものがあるが、その内容を詳しく見てみると同じ基本的な考え方を繰り返し使っていることがわかる。**図 3.10** はエラープルーフ化の５つの原理を示したものである。この図の上半分は、人的エラーが発生して、品質トラブルや事故を引き起こすプロセスを示している。あらゆる作業には独自の目的と制約がある。作業に従事する人はこれらを満たすために必要な記憶・知覚・判断・動作などの機能を実施しなければならないが、その過程でエラーを起こす。これらのエラーは異常を引き起こし、必要な措置がとられないと、結果的に患者の死傷など好ましくない結果に至る。５つの原理は、このプロセスと密接に対応している。

５つの原理は、大きく、以下の２つに分けられる。

a)　品質トラブルや事故の原因となる人的エラーが起こらないようにする（発生防止）

b)　発生した人的エラーが品質トラブルや事故を引き起こさないようにする（波及防止）

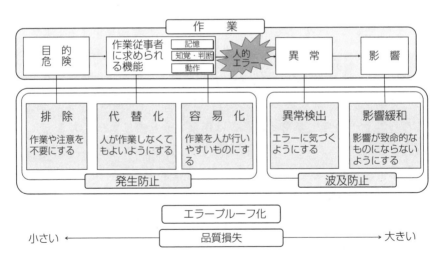

図 3.10　エラープルーフ化の原理

3

　エラーを発生させない最も効果的な方法は「作業を行わない」ことである。また、これが不可能な場合には、「作業を人間に任せない」あるいは「作業を人間にとって容易にする」ことが考えられる。これらは未然防止の立場から対策を行う場合の基本となる考え方であり、それぞれ「排除」、「代替化」、「容易化」と呼ばれる。

　他方、エラーによる影響が拡大するのを防ぐ方法としては「エラーによる異常を検出し知らせる」、「エラーの影響を緩和するための作業や緩衝物を組み込む」の2つがある。これらはそれぞれ「異常検出」、「影響緩和」と呼ばれる。

　表 3.6 にエラープルーフ化の例を示す。エラープルーフ化はハードウェアを対象とする加工・組立ばかりでなく、サービス、情報処理などの作業においても重要となる。

（2）　未然防止活動の進め方

　意図しないエラーは一般的に 1,000 回に 1 回〜 10 万回に 1 回程度の頻度で発生するため、ダブルチェック、トリプルチェックを行ってもなかなか発見できない。このため、エラーの発生がそのまま重大な品質トラブルや事故につながる場合が少なくない。また、個々のエラーの発生が非常に稀で、さまざまなエラーが代わる代わる顕在化しているため、表面に現われてきたエラーを一つひとつ発生の都度エラープルーフ化しても、早急な効果を期待できない。したがって、エラーによるトラブル・事故の防止に取り組む場合には、未然防止の取組み、すなわち作業に潜在するエラーのリスク（危険）を事前に洗い出し、あらかじめ対策を打っておく活動が必要となる[40][41]。**図 3.11** は、意図しないエラーによるトラブル・事故・不祥事の危険性が高く（high risk）、業務量の多い（high volume）の業務を選び、関係者がチームを編成して具体的な検討を行う場合の進め方を示したものである[7]。

表3.6　エラープルーフ化の例

原理	定義	例		
		作業	エラー	エラープルーフ化
排除	作業や作業における注意が必要となる原因を取り除き、作業や注意を不要にする	組立	製品を鉄製のワイヤーで吊る時にキズ防止の当て木をし忘れる	鉄製のワイヤーの代わりにナイロン製の吊具を用いる
		一般	物や書類を受け渡す際になくす	受け渡しを行わなくてもすむようにする、回数を減らす
		医療	濃縮塩化カリウムを誤って投与する	濃縮塩化カリウムを病棟の保管庫から撤去する
		レストラン	注文伝票を記入する際にシャープペンシルの芯が折れて食品に混入する	筆記用具にはボールペンを使用する
代替化	人が行っていることをより確実な方法で置き換え、人が作業しなくともよいようにする	組立	指示票を見間違えて、間違った部品を組み付ける	送られてきた部組品の形状をセンサーで検知し、対応する仕様の部品箱にランプを点灯する
		販売	レジを打ち間違える	バーコードシステムを用いる
		一般	計器の異常を見逃す	正常範囲をマークしておく
		医療	一時的に変更した点滴の量を戻すのを忘れる	ポケットタイマーを携帯する
容易化	作業を人の行いやすいものにしてエラーの発生を少なくする	組立	指示票に基づいて組み付ける部品を判断し間違える	指示票の記号と部品箱の記号を共通なものにする
		鉄道	確認を忘れる	声を出し、指さしを行いながら作業する
		医療	同じカートリッジに入った濃度の異なる薬剤を取り違える	薬剤師が高濃度カートリッジに明るいオレンジ色のテープを貼っておく
		レストラン	注文を厨房に伝えるのを忘れる	注文を聞いたらすぐに伝える

3

日常管理の進め方

表3.6　エラープルーフ化の例（続き）

原理	定義	例		
		作業	エラー	エラープルーフ化
異常検出	エラーが発生しても、引き続く作業の中でそれに起因する異常に気づくようにする	組立	指示票を見間違える、部品を選び間違える	部品取り出し口に光電管を付けて動作を検知し、正しい部品を取っていないとアラームを鳴らす
		鉄道	夜間の保線作業で、スコップやつるはしなどの工具を線路に置き忘れる	工具に番号をつけ、チェックリストですべて回収したことを確認する
		医療	麻酔装置の窒素タンクの接続口に誤って酸素タンクをつなぐ	接続口の形状を変え、誤ったタンクがつながらないようにする
		販売	必要なデータを入力しないで発注を行う	必要なデータが注力されていないと発注できないようにする
影響緩和	エラーの影響が致命的にならないよう、作業を並列化する、または制限や緩衝物・保護を設ける	製造	装置の電源を切り忘れて事故が発生する	作業者に手元電源を切らせ班長に職場の主電源を切らせる
		金融	計算の間違い、インプットの間違い	扱える金額を一定以下にする
		鉄道	線路脇の通信端子箱のふたを閉め忘れ、走行中の電車に当たる	線路側のふたは外開きとせず、落としぶたにする
		分析	分析室で作業する際に有害物質が飛散する	分析室で作業する際に有害物質の飛散防止カバーを付ける

```
┌─────────────────────────────────────────────┐
│ ステップⅠ：対策が必要な起こりそうなエラーを見つける │
└─────────────────────────────────────────────┘
                        ⇩
┌─────────────────────────────────────────────┐
│ ステップⅡ：エラープルーフ化の対策案を作成する       │
└─────────────────────────────────────────────┘
                        ⇩
┌─────────────────────────────────────────────┐
│ ステップⅢ：作成した対策案を評価・選定・実施する     │
└─────────────────────────────────────────────┘
```

図3.11　未然防止活動の進め方

　ステップⅠでは、FMEA（Failure Mode and Effects Analysis：失敗モード影響分析）を用いて作業に潜在する「起こりそうなエラー」を洗い出し、それぞれのエラーのリスクの大きさを評価し、対策が必要なエラーを明らかにする。表**3.7**にFMEAの例を示す。FMEAを用いて起こりそうなエラーを洗い出す場合のポイントは、従来、自分の職場や他の職場で発生したエラーの事例を整理し、典型的なタイプにまとめたエラーモード一覧表を用意・活用することである。表**3.8**にエラーモード一覧表の例を示す。このような表を用意することで、いままで起こっていないけれど将来起こりそうなエラーを系統的に洗い出すことがで

表3.7　値付け作業のFMEA（一部）

No	サブプロセス	エラー	影響	原因	発生の可能性	致命度の影響	検出の難しさ	RPN
1	商品と値付け指示表を持って移動する	別の商品を取る	別の商品の混入	同時並行作業	2	4	3	24
		間違った指示表を取る	間違った値札	同時並行作業 識別不明確	2	4	2	16
2	値付け機の電源を入れる	電源を入れ忘れる（値付けを忘れる）	値札のない商品	多様な仕事	2	3	2	12
3	指示表の情報を入力する	入力を間違える	間違った値札	項目が多い	4	4	3	48
		一部入力を抜かす	値札からの情報の欠落	項目が多い 標準化されてない	3	4	3	36
4	商品を値付け機に入れる	一部の商品を入れ忘れる	値札のない商品		3	3	2	18
5	商品を取り、値付け指示票と照合する	照合を忘れる	値札のない商品、間違った値札など	付随的作業	4	2	3	24
		間違いを見逃す		項目が多い	3	3	3	27

3

日常管理の進め方

表3.8 エラーモード一覧表の例

分　類		エラーモード	対応するヒューマンエラーの具体的な内容
作業の進捗を間違える	記憶エラー	①抜け	• 物を取り忘れる、物をセットするのを忘れる • ボタン、スイッチ、バルブの操作忘れ • 指示忘れ、確認忘れ、記録のとり忘れ
		②回数の間違い	• すでに終わった作業を重複して行う • 作業回数の過不足
		③順序の間違い	• 前後の作業の順序を逆に行う
		④実施時間の間違い	• 決められた時間よりも早く作業する • 決められた時間よりも遅れて作業を始める
		⑤不要な作業の実施	• 禁止された作業を行う • 不必要な作業を行う
作業の実施を間違える	知覚判断エラー	種類・数量の誤認	⑥選び間違い	• 物を選び間違える、人の識別を間違える • ボタン、スイッチ、バルブを選び間違える • 指示票、記録用紙、欄を選び間違える
			⑦数え間違い計算間違い	• 物を数え間違える • 量を計算し間違える
		状態の誤認	⑧見逃し	• 情報を見逃す、標識を見逃す • 気付くべき危険やその兆候を見逃す
			⑨認識間違い	• 物や人の状態・有無を誤認する • 計器や指示票を読み間違える、情報を聞き間違える
			⑩決定間違い	• 情報に基づく処置の決定を間違える
		なすべき動作の誤認	⑪動作位置・方向・量の間違い	• 物のセット位置、方向、運搬先を間違える • スイッチの設定、操作方向を間違える • 切断、挿入、締め付けの角度・量を間違える
			⑫保持の間違い	• 物の誤った箇所を持つ、間違った持ち方をする
			⑬記入・入力の間違い	• 指示票への記入を間違える • コンピュータへの入力を間違える
	動作エラー		⑭不正確な動作	• 物をずれた位置にセットする • 不正確な切断、挿入、締付けを行なう
			⑮不確実な保持	• 物の保持、固定を不確実に行なう • 物を誤って落とす、離す
			⑯不十分な回避	• 物をぶつける、刺す、飛散させる • つまずく、落ちる、誤ってスイッチにふれる

きる。また、3.2節で述べたプロセスフローをもとに、それぞれのプロ
セスを適切な大きさのサブプロセスに区分すること、リスクの大きさを
RPN（Risk Priority Number：危険優先指数）などにより評価するための
評価項目（エラーの発生の可能性、影響の致命度、検出の難しさなど）や
それぞれの評価基準（段階評価においてそれぞれの段階が意味するもの）
を明確にしておくこともポイントとなる。

　ステップⅡでは、ステップⅠで洗い出した1件1件のエラーに対し
て、そのリスクを減らすための対策を立案する。ここでは、先に述べた
エラープルーフ化の原理またはこれを発想チェックリストにしたもの、
さらには有効な対策を事例集・データベースにまとめたものが役立つ。
表3.9に発想チェックリストの例を、**図3.12**にエラープルーフ化事例
集の例を示す。対策すべきエラーを明確にしたうえで、チェックリスト
に記されている一つひとつの項目について、事例集に載っている事例を

表3.9　エラープルーフ化対策発想チェックリスト

原理	エラープルーフ化発想チェックリスト
排除	・作業を取り除けないか？ ・危険な物・性質を取り除けないか？
代替化	・自動化できないか？ ・指示、基準、ガイドなどの支援を与えられないか？
容易化	・変化・相違を少なくできないか？（標準化・単純化できないか？　似たもの・関連するものをまとめられないか？　対応するものを同じにできないか？） ・変化・相違を明確にできないか？（色や形・記号などを特殊なものにできないか？） ・人間の能力に合ったものにできないか？
異常検出	・異常な動作を検知できないか？ ・異常な動作を行えないようにできないか？ ・異常な物・状態を検知できないか？
影響緩和	・影響が生じないよう作業を並列にできないか？／物を冗長にできないか？ ・危険な状態にならないようにできないか？ ・危険な状態になっても損傷が発生しないよう保護を設けられないか？

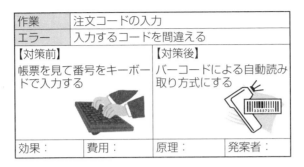

作業	注文コードの入力		
エラー	入力するコードを間違える		
【対策前】帳票を見て番号をキーボードで入力する		【対策後】バーコードによる自動読み取り方式にする	
効果：	費用：	原理：	発案者：

図3.12　エラープルーフ化事例集の例

参考にしながら考えられる対策を挙げることで、数多くの対策案を得ることができる。

　ステップⅢでは、ステップⅡで考えた多くの対策案の中から最も効果的と考えられる案を選んで実施する。他にもっとよい案があるにもかかわらず、一つの案に固執して立ち入った議論を行い、時間を浪費することのないよう、効果、費用、継続の容易さなどの項目について評点付けをし、有効そうな対策案を絞り（明らかに有効でない案をふるい落とし）、それらについてより詳細な検討を行うことが、議論の効率化を図るうえで大切となる。対策と評価項目をマトリックスにし、3〜5段階で点数付けを行う対策選定マトリックスなどの手法を活用するのが有効である。

（3）　未然防止活動の組織的推移

　FMEAやエラープルーフ化発想チェックリストなどを用いた取組みを通して、意図しないエラーやそれに起因するトラブルを防止できたという成功体験を積み重ねることで、注意力に頼った取組みを抜け出すことの大切さが職場の中に浸透していく。したがって、FMEAやエラープルーフ化発想チェックリストなどの手法、ならびにそれらを活用する手順（未然防止型QCストーリー[42]など）については、一部の専門家の

ものとせず、職場の全員が理解し、活用できるようにしておくことが大切である。QCサークル活動などの小集団改善活動を活用するのが有効である。これによって、職場で行われているさまざまな作業について検討することができるようになる。なお、未然防止活動は、意図しないエラーだけでなく、設備の故障、材料の劣化、電圧の変動などのリスクを未然に防止するうえでも必要となる。

コラム10　未然防止活動の効果の把握

　未然防止活動の効果については、設定した結果の目標、例えば、「意図しないエラーによる○○製品の不適合を、来年の3月までに、90%低減する」などを達成できたかどうか判定する。

　ただし、意図しないエラーなどのように未然防止活動の対象になる問題の場合、発生率が低いために、データを蓄積し効果を確認できるようになるまでに期間がかかる場合が多い。また、新たな製品・サービスや業務について検討を行っている場合には、比較の対象となるデータがない。このような場合には、RPNを使って、対策後の状態を評価し直し、「RPNがどの程度低減できたか」で対策の効果を予想するのがよい（図3.13参照）。対策を行うと、意図しないエラーが発生しにくくなったり、発生してもトラブル・事故にならないようになったりするので、RPNが下がる。対策が必要と判断した意図しないエラー一つひとつについて、対策前の「発生度」、「影響度」、「検出度」の点数が実施した対策によってどう変わるかを予想し、RPNを計算し直す。そのうえで、この結果をもとに、円グラフやヒストグラムなどにより点数の分布がどう変わったかを表せば、活動の総合的な効果を確認できる。

　なお、RPNによる評価はあくまでも自己評価なので、最終的には、結果の目標が達成できたかどうかをデータにより確認する必要がある。このため、いつ、どのような形で評価を行うかを決めておくのがよい

（例えば、半年後に対策後に発生した不良やクレームのデータを集めて、目標とした数値と比較するなど）。工程中で発見された不良など、比較的件数の多いものを目標として取り上げている場合には、一定の期間のデータを集め、得られたデータを棒グラフや折れ線グラフを書いて対策前後の推移を見れば、効果を確認できる（**図3.14**参照）。

　目標を達成できなかった場合には、起こっている問題の内容を、なぜ未然に防止できなかったのかという点から再度分析し、

①　未然防止活動の対象としなかった問題が発生した

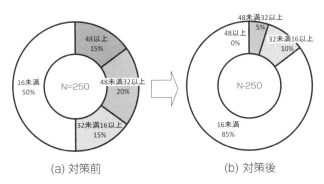

(a) 対策前　　　　　　　　　　(b) 対策後

図3.13　RPN を用いた効果の把握

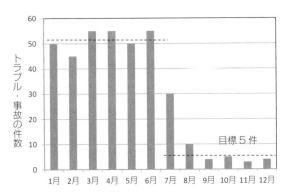

図3.14　トラブル・事故の件数による効果の把握

②　FMEAなどで起こりそうな問題を列挙しそこなっていた

③　リスクの大きさの評価が間違っていた

④　実施した対策の効果が十分でなかった

のいずれであるかを明らかにする。このうち、②の場合は、起こりそうなエラーの洗い出しに使用したエラーモード一覧表などの内容が悪いのか、その適用の仕方が悪いのかを明らかにする。また、③の場合は、RPNを求める際に用いた点数付けの方法や対策が必要と判断した基準（16以下など）が悪いのかを見極める。他方、④の場合には、対策の効果の予想は正しかったのか、多くの対策案を作れていたかを見直す。このようなことを繰り返すことで、未然防止活動を行う職場の能力が着実に向上する。

3.7　管理項目・管理水準の設定と異常の見える化

（1）　管理項目の設定

　2.4節で述べたように、異常はプロセスの時間的な変化なので、いくら要求事項（基準）に合っているかをチェックしてもわからない。異常に気づくには、プロセスの状態を表す尺度を選んでその推移をグラフ化することが必要である。この際に用いる尺度が管理項目である。管理項目というとチェック項目と誤解し、「○○が正しく行われているか」、「□□の状態になっているか」などをイメージする人がいるが、これでは管理図や管理グラフを書くことはできない。「異常を見つけるためには推移グラフが必要であり、グラフを書くための尺度が管理項目である」ということを理解してほしい。

　管理項目の候補は数多く存在するが、網羅的に考える必要はない。候補となるものの中から、

①　後工程・顧客にとって重要で、

② 容易に測れ、

③ 当該のプロセスの状態をよく反映するもの

を少数選ぶのが原則である。

　異常を検出する場合、当該プロセスのなるべく上流で検出するのが、経済性だけでなく、原因追究を容易にするうえでもよい。その意味では、プロセスにおいて異常を引き起こす要因である 5M1E（Man、Machine、Material、Method、Measurement、Environment）を個別に取り上げ、管理項目を設定すればよい。ただし、そうすると管理項目の数が膨大になる。

　他方、5M1E の影響は最終的に当該のプロセスの結果に表れてくるので、結果の特性の中から適切なものを選べば、少ない管理項目で済ませられることになる。ただし、結果の特性によって異常をつかまえようとすると、異常の発見が遅くなるとともに、異常を見つけたときに何が原因なのかを切り分けることが必要になる。

　したがって、各プロセスのアウトプットに着目して管理項目を設け、各プロセスの異常が当該のプロセスの終了時に発見できるようにしておくのを原則としたうえで、それぞれのプロセスに関する因果関係を特性要因図や連関図などで整理するとともに、起こり得る典型的な異常（作業における標準からの逸脱、設備の故障、材料の劣化、電圧の変動など）を考え、これらを効果的に検出できる結果の特性は何かを考えることが有効である。

　例えば、表 3.2 の「商品を加工する」プロセスについていえば、アウトプットに対する要求事項に着目することで、加工済みの商品の大きさ、残っている傷んだ部分の大きさなどが管理項目の候補としてすぐに思いつく。このうち、加工済みの商品の大きさは、作業者のスキルレベルや使用している包丁の劣化などに依存するので、Man や Machine に関する異常の検出に適している。また、傷んだ部分の大きさは、購入し

た材料の品質や保管条件、作業者のスキルに依存するため、Material、Environment、Man の異常の検出に適している。他方、衛生管理基準への適合や水に関する異常についてはこれらでは検出できないので、後工程でのバクテリア検査の結果などが候補になる。ただし、この管理項目は、データが得られるまでに時間がかかること、すべての商品を測定できないことなどが難点である。このような検討を重ねて管理項目の候補を考え、絞り込んでいくことが大切である。

　なお、上で述べた因果関係の整理にあたっては、プロセスについて今までに得られているさまざまなノウハウを活用することが大切である。さらに、起こり得る典型的な異常を考える際には、FMEA などを用いた、起こり得る人のエラーや設備の故障などの洗い出しの結果を活用することが大切である。このように考えると、3.2 ～ 3.6 節で述べたプロセスの明確化や標準化が適切にできていないと、異常を見つけるための管理項目や管理水準の設定が適切に行えないことがわかる。

　もう一つ考慮すべき点は、制御や調整など、よい結果を得るために人為的に導入している因果関係である。多くのプロセスでは、要求事項に適合したアウトプットを得るために、アウトプットの結果を測定し、それが基準に適合するように要因系の条件を変更するフィードバック制御や調整が行われている。例えば、合成ゴムの重合工程では、製品の粘性が目標値に一致するように分子量調整剤の量を加減しているし、建設現場では、作業の進捗を見ながら必要な人員を投入している。このような場合に、結果の特性を管理図や管理グラフに書いても一定の値(またはねらいどおりの値)にしかなっておらず、異常を検出できない。そこで、結果の特性に加えて、制御や制御のために用いている要因系の条件、例えば、分子量調整剤の量や投入人数を合わせてプロットすると、異常の有無がよくわかる[43]。これは、本来原因系である分子量調整剤の量や投入人数が、制御や調整を導入したことで結果の特性になっているから

である。

（2） 管理水準の設定

　管理項目を用いて異常を検出するには、管理水準（中心値および管理限界）を設定し、これと得られたデータとを見比べることが役立つ（**図3.15** 参照）。詳細は後で述べるが、基本的には管理限界の外に飛び出すデータ、癖のあるデータがあれば異常が発生したと判定する。この際、見つけたいのは異常であり、不適合ではないことに注意する必要がある。したがって、どういう値にならなければならないかという基準ではなく、通常どのような値が得られているのかをもとに管理水準を設定することが必要である。

　管理水準を決める際には、現行のプロセスに関するデータを一定期間収集し、明らかに異常と思われるデータを取り除いたうえで、管理図などの統計的手法を用いるのがよい。ただし、理論的な厳密さにこだわるよりも、プロセスにおける変化が起こっていることが明らかであるにもかかわらず異常を検出できていないケース、反対に多くの異常を検出しているものの対応しきれないケースがないように、異常の発生頻度、異

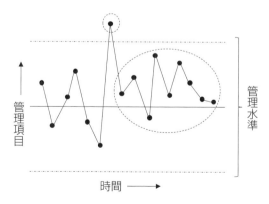

図 3.15　管理項目と管理水準

常を見逃した場合の影響の大きさ、発見した異常について、応急対策および原因追究を行うために必要となる工数などを考慮して管理水準を決めるのがよい。統計的にどのような分布に従うのかがよくわからない場合には、明らかに異常と思われるデータを取り除いたうえで、データの平均値または中央値（メディアン）が中心値になるよう、大半のデータが管理限界の内側に含まれるように管理水準を決めるのが一つの方法である。

　管理限界は、よい悪いを判断しているわけではないので、望ましくない側だけでなく、望ましい側にも設定する。例えば、製品の引張り強度を管理項目にした場合、強度が不足している側だけでなく、強度が大きすぎる側にも管理限界を設ける。そのうえで、望ましくない側の管理限界を超えるデータが得られれば、その原因を追究し、当該の条件が二度と起こらないようにする。また、望ましい側の管理限界を超えるデータが得られた場合にも、何らかのプロセスの変化があったと考え、その原因を見つけ、当該の条件が今後も維持されるようにする。これを繰り返すことによって、プロセスをよい結果を生み出せる状態に次第に近づけていくことができる。このように考えると、理論的にあり得ない場合を除いて、片側にしか設定されていない管理限界を見たら、「異常と不適合の混同が起きている」ことを疑うのがよい。

　発生した異常に対しては適切な処置をとる必要がある。プロセスに対して処置をとれば、当然、結果の分布（統計的な挙動）が変わる。したがって、プロセスに対して再発防止の処置をとった場合には管理水準を忘れずに設定し直すことが必要である。その意味では、データの動きに対して幅が広すぎる管理水準や片方に偏っている管理水準を見たときには、異常に対する処置やそれに伴う管理水準の改訂が適切に行われていない可能性を疑うのがよい（**図 3.16** 参照）。

　管理水準は、品種の切り替えや設備・機器による相違、環境条件の変

化などのプロセスに関する変更・変化を考慮し、適切に層別するのがよい。**図3.17**の(a)は品種切り替えなどがなく、一定の水準が維持されることが期待できる場合を、他方、(b)は品種切り替えなどによって水準が変化することが予想される場合を示している。層別するとデータ数が少なくなり、管理水準を定めることが難しい場合は、層の違いに大きな影響を与える要因系の条件を用いて回帰分析などを行ったうえで、得ら

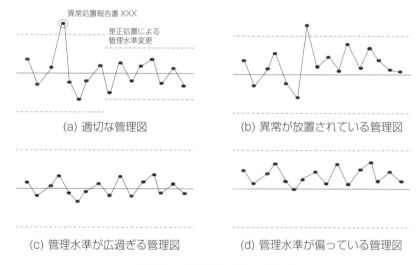

(a) 適切な管理図　　　　(b) 異常が放置されている管理図

(c) 管理水準が広過ぎる管理図　　(d) 管理水準が偏っている管理図

図3.16　不適切な管理水準の例

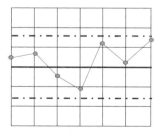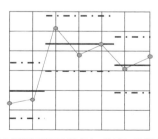

(a) 品種切り替えなどがない場合　(b) 品種の切り替えなどがある場合

図3.17　品種切り替えなどによる層別の例

れた式を用いてデータを補正し、補正されたデータをプロットするのも一つの方法である。

（3）　管理の間隔・頻度

　管理項目や管理水準が異常の発見に役立つためには、データをプロットし、管理水準と見比べる頻度・間隔も重要になる。管理項目を集計・チェックする頻度・間隔としては、1日1回、週1回、月1回などがあり得る。頻度・間隔を細かくすればそれだけ早く異常を発見できるが、その分、工数も増える。典型的な異常がどのくらいの頻度・間隔で発生するのか、当該の異常が発生したときに管理項目にどのような形の変化が生じるのか、異常の発見が遅れることによる影響がどの程度かなどを考えて決めることが大切である。例えば、日ごとに異常が発生すると考えられる場合には、1時間ごとにデータをプロットしても効率が悪い。他方、週ごとにデータをプロットするといつ異常が発生したのかがわかりにくくなるとともに、異常の発見が遅れる。

（4）　異常の見える化

　選定した管理項目については、時系列の推移を示す管理図または管理グラフを作成していつもと同じ状態が維持されているかどうかを判断する。管理図または管理グラフを作成せずに、異常、すなわち通常と異なる状態が発生しているかどうかの判定を行うことは困難である。QC工程表などを見ると管理項目を管理するための帳票としてチェックシートなどが記されている場合があるが、これでは不適合は判断できても異常を正しく認識できない。

　管理図や管理グラフは職場の中のよく見えるところに貼り出したり、ディスプレイで表示したりする。また、異常と判断されたものについては、線で囲ったり、マークを付したりして異常が発生していることが一

目でわかる工夫を行う。さらに、検出された異常の発生については、異常警報装置(例えば、あんどん)やメール配信などを通じて職場の全員に知らせるようにする。これらによって、異常が起こったことが職場の誰の目にも明らかになり、連携・協力して適切な応急処置や再発防止のための行動がとれるようになる。

(5) 管理項目・管理水準の登録

管理項目を定められた頻度・間隔で確認して異常の有無の判定を行い、異常が発生している場合に応急処置や再発防止処置を抜け落ちなく行うためには、担当者任せにせずに組織として行動することが必要である。このため、設定した管理項目については、管理水準、管理の頻度・間隔などとともに、「管理項目一覧表」や「QC工程表」としてまとめ、職場の全員が認識できるようにするのがよい。この際、異常の判定に責任をもつ人、異常が検出された場合の処置に責任をもつ人なども明確にしておく。

表3.10に管理項目一覧表の例を示す。この表では、日常管理の管理項目の他、方針管理の管理項目が記されている。方針管理の管理項目は、期末の目標を達成するために行っている方策が期待どおりの成果を生んでいるかどうかを確認するためのものであり、異常を発見するため

表3.10　管理項目一覧表の例

管理項目	管理水準	管理間隔	異常判定者	処置責任	日常管理・方針管理	経営要素
購入商品納期遵守率	95 ± 5%	毎月	調達担当者	課長	日常管理	D
加工ロス率	4〜9月　20 ± 5% 10〜12月 13% ± 5% 1〜3月　10 ± 3%	毎月	課長	課長	方針管理	Q
バクテリア数	XX ± YY	毎週	衛生担当者	課長	日常管理	Q

のものである日常管理の管理項目とは性格が異なる。ただし、方針管理としての管理が終了した後は日常管理の管理項目として引き続き管理することになる場合が多い。また、日常管理の管理項目として管理している中で大幅な改善が必要となった場合には方針管理に移行することになる。このため、日常管理の管理項目と方針管理の管理項目を1枚の表にまとめ、日常管理の管理項目か、方針管理の管理項目かの区別を記している場合もある。

　管理項目一覧表は、それぞれの職場において当該の職場の業務がいつもどおり行われているかを確認するための管理項目を一覧にしたものである。他方、製造やサービス提供などでは、むしろ QC 工程表がよく用いられる。これは、製品・サービスの生産・提供に関する一連のプロセスを図に表し、このプロセスの流れに沿ってプロセスの各段階で、誰

表3.11　QC 工程表の例

工程図	工程名	管理項目（点検項目）	管理水準	管理方法					関連資料
				担当者	時期	測定方法	測定場所	記録	
▽◇	商品確認	（商品等級）	2以上	加工担当者	加工前	目視	保管場所	商品等級記録表	等級判定表
○	商品加工	（カット・加工スキル）（衛生管理）	3以上 適合	加工担当者	加工時		加工場所	加工担当者記録表 衛生管理チェックシート	標準書 SOP-XX
◇↓	加工済み商品確認	傷んだ部分の大きさ	○○±◎◎	検査担当者	4回／日	定規	加工場所	AA 管理グラフ	測定標準書 SOP-YY
		加工済み商品の大きさ	□□±△△					BB 管理グラフ	

注)　表3.2との関係：○○＋◎◎＜●●、□□＝■■、△△＜▲▲

が、いつ、どこで、何を、どのように管理しているかを一覧にまとめた
ものである。**表 3.11** に QC 工程表の例を示す。

(6) 点検項目

　表 3.11 には、「傷んだ部分の大きさ」や「加工済み商品の大きさ」な
どの管理項目の他、括弧付きで、「商品等級」や作業を担当する人の
「カット・加工スキル」などが「点検項目」として記されている。ここ
でいう点検項目は、異常の原因となり得る 5M1E について、標準に定
められた条件が維持できているかどうかを確認するためのものである。
したがって、その管理水準は通常達成している水準ではなく、望ましい
水準に基づいて定める。同じ管理水準という言葉を使っているが、管理
項目と点検項目ではその意味がまったく異なるので明確に区別しておく
ことが必要である。

　点検項目の結果はチェックシートやグラフの形にまとめ、管理項目の
グラフと対応づけて見ることができるようにしておくのがよい。これに
よって、5M1E について標準で定められた条件が守れているかどうかを
容易に確認できるとともに、管理項目で異常が見つかった場合の原因追
究に役立つ。

コラム 11 管理グラフや管理図は不要という誤解

　不適合(不良)の発生率が高い場合には、日や週ごとの「平均不適合率
(不良率)」はプロセスがいつもどおりかどうかを判定するためのよい管
理項目になる。ところが、改善・革新によって不適合率がどんどん下が
り、1 日または 1 週間の間に 1 件も不適合が発生しない日が続くよう
になると、0 が連続してプロットされ、1 件でも不適合が出ると管理限
界を超え異常と判定されるようになる。こうなると、管理グラフや管理
図を書いて異常を見つけ原因追究するのも、不適合が発生した都度に原

因を追究するのも同じことになるため、グラフや図を書くのをやめてしまう職場が多い。また、これがしばらく続くと、通常と異なる事象を見つけて原因を追究するという取組みそのものを行わなくなる可能性が高い。

しかし、このような職場もよく見ると、プロセスにおけるふらつき・変化は必ず起こっており、それを作業担当者がなんとかやりくりして業務を続けている場合が少なくない。そしてこのような事実が担当者以外には誰にも気づかれないまま、不適合が発生していないからということで原因追究されず放置されている。これは、維持向上、さらにはその先にある改善や革新の取組みを行うチャンスを失っているという意味でよくない。

管理グラフや管理図を書いても1件1件の不適合を追いかけるのと同じになってしまったという場合には、異常の検出・処置が不要になったのではなく、当該の結果の特性がプロセスで起こっている異常を見つけるための管理特性としては役に立たないものになった、と考えるのがよい。そのうえで、プロセスの状況をより的確に捉えることのできる結果の特性は何かを考え、管理項目を選び直すのがよい。

このように、管理項目は一度決めたらそれでよいというものではなく、プロセスに関するノウハウの蓄積・活用状況に応じてどんどん変わっていくべきものである。

3.8 異常の検出と共有、応急処置

(1) 異常の検出

管理項目について作成している管理図や管理グラフにおいて、管理外れ、連、上昇・下降、管理限界線への接近、中心化傾向、周期的な変動などが見られた場合には、異常が発生していると判定する(**図 3.18** 参

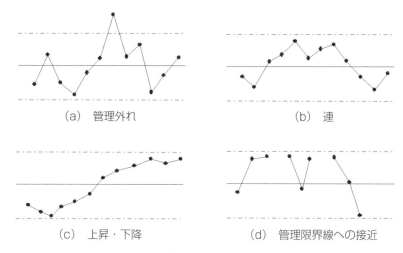

(a) 管理外れ　　　　　　　(b) 連

(c) 上昇・下降　　　　(d) 管理限界線への接近

図3.18　管理項目による異常の判定

照)。

a)　管理外れ(Out of control)：点が管理限界の外に出る。

b)　連(Run)：中心線の片側に多く点が出る(連続する9点が中心線に対して同じ側にあるなど)。

c)　上昇・下降：点が連続して上昇または下降の傾向を示す(連続する6点が増加または減少しているなど)。

d)　管理限界線への接近：管理限界線に近い点が多い(中心線から管理限界までの距離の2/3を超えるものが、連続3点中2点以上あるなど)。

e)　中心化傾向：中心線に近い点が多い(中心線から管理限界までの距離の1/3の内側に連続するものが、15点以上あるなど)。

f)　周期：周期的な傾向がある(14の点が交互に増減しているなど)。

異常を見つける方法は、管理項目による方法だけではない。管理項目についてa)〜f)のような動きはないものの、いつもと音が違う、変なにおいがする、様子がなんとなくおかしいと感じる、という形で異常に

気がつく場合も多い。これらは、いわゆる人の五感(視覚，聴覚，嗅覚，味覚，触覚)により把握される異常であり、なかなか文書では書き表すことが難しい。しかし、このような異常を放置すると、大きな問題につながってしまう危険がある。また、せっかくよい結果が得られているのにそれを見過ごしてしまう可能性もある。したがって、日ごろから一人ひとりが作業やその結果に関心をもち、通常とはどのような状況なのかに関する基準を自分の中に作りあげ、いつもどおりでないことに気づける感覚を養うことが大切である。

(2)　変化点管理

どんなに標準化を行っていても、プロセスにおいては人の欠勤、部品・材料ロットの切替え、設備・機器の保全などのさまざまな変化が生じているのが普通であり、プロセスのインプット、資源、作業の手順などに関する要因系の条件を完全に一定に保つことは難しい。そして、これらの変化に伴って異常が発生することも少なくない。他方、管理項目や作業担当者の気づきによって異常を検出することは重要であるが、これらはどうしても後追いの対応となる。したがって、異常の検出をより先手で行うためには、プロセスにおける人、部品・材料、設備・機器などの変化が発生する時点を明確にし、その時点においてプロセスの状況を特別の注意を払って監視することにより、異常を一早く検出し、必要な処置をとることが大切である。このような管理は、「変化点管理」と呼ばれる。

変化点管理の具体的な手順は、以下のとおりである。

① 各プロセスにおけるインプット、資源、作業の手順などの要因系の条件について起こり得る変化を明確にする。この場合、5M1E を用いて洗い出すのがよい。また、過去の異常の事例を集めたうえで、どのような変化によって引き起こされたものかという視点から

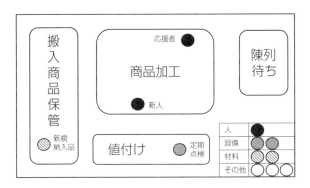

図3.19 変化点管理ボード

整理し、その結果に基づいて検討するのも効果的である。

② プロセスで発生する変化に関する情報(いつ、どこで、どのような変化が発生するか)を職場の見やすい場所に掲示し、関係者がわかるようにする。例えば、欠勤対応で臨時に作業に入る作業者がいるかどうか、点検・保全を行う予定の設備・機器があるかどうか、新規納入品があるかどうかなどの状況を、白板とマグネットを使って表示する(**図3.19** 参照)。

③ 各変化がプロセスに影響を与えないようにするための行動、万一影響が生じた場合にそれを検出し迅速に対応するための行動をあらかじめ定め、実行する。例えば、監督者が作業の状況を確認に行く、定期点検後の製品・サービスについて重点的に検査・確認を行うなどである。

④ 変化に伴う影響が生じていると判断した場合には、ただちに必要な応急処置を行う。例えば、作業を中止するなどである。

(3) 異常の共有と応急処置

異常が発生した場合には、ただちにその事実を関係者で共有し、対応

をとる必要がある。このためには、毎日決まった時間（朝礼時、終礼時など）に定例の全員参加によるミーティングを開き、管理図や管理グラフ、変化点管理ボードの前に集まって異常の発生の有無を報告し合い、発生した異常と作業の状況（作業者の交替、設備の故障など）とを照らし合わせて意見交換を行うのが効果的である。「このような取組みを全員で行うのは時間のムダだ」、「スタッフに任せておけばよい」と考える管理者がときどきいるが、これではプロセスと結果の関係について学んだり、ルールを守る必要性を納得したりできる折角の機会を奪っていることになる。日常管理は、小集団改善活動と同じで、結果の成果を求めているだけでなく、その活動を通して一人ひとりの考え方・意識を変えるための活動であることを理解することが大切である。

　異常の発生を組織として共有化するためには、異常発生の状況、応急処理の対応・未対応、再発防止の対応・未対応、関係部門への連絡状況などを一件一葉の異常報告書や異常処置一覧表にまとめて記録として残すことも大切である。表3.12に異常報告書の例を示す。この例では、再発防止対策やその効果の確認までが記載されており、再発防止対策書としての役割も兼ねている。ただし、一般には異常の発生件数は多く、そのすべてについてしっかりした再発防止対策を検討できない、または検討することが適切でない場合も多い。異常については発生日時、現象、原因（簡易版）、応急処置などの項目を一覧表にして用意し、その中の重要なものについて、改めて再発防止対策書を作成するのも一つの方法である。表3.13はこのような異常処置一覧表の例である。異常報告書や異常処置一覧表を用いることで、応急処置が確実にとられているかどうか、3.9節で述べる再発防止の活動が最後まで行われているかどうかを確認でき、抜けのない取組みを行うことができる。

　応急処置は、異常の影響が他に及ばないように処置するのが基本である。例えば、製造では、ただちに作業を停止して、製品の入れ替えや代

表3.12　異常報告書の例

現象	商品名	○○		工程名	商品受入	管理項目		受入不適合率
	購買品の受入検査における6月の納入不適合率が0.2%となり、管理限界0.15%を超えた					発見日		XX年6月
						発見者		検査課　山本
原因調査	新規納入者△△社よりの納入商品××において不適合が多発したため。△△社においてコストダウンのために原料調達先を変更したが、品質確認を怠っていた。					1	いつ	XX年7月15日
							誰が	購買課　佐藤
						2	いつ	
							誰が	
応急処置	原料調達先の調査・見直しを指示。それまでは全数選別して出荷させる。					いつ		XX年7月20日
						誰が		購買課　佐藤
再発防止対策	納入者が重要度B以上の原料を変更する場合には、あらかじめ通知させるようにする。納入者に工程変更を行った場合の品質確認体制を確立するように義務づけ、監査で実施状況を確認する。					いつ		XX年8月15日
						誰が		品質保証課　田中
効果確認	納入者△△社よりの納入商品××の納入不適合率は0%となった。納入不適合率は0.08%で安定状態となった。					いつ		XX年9月
						誰が		検査課　山本

表3.13　異常処置一覧表の例

No	発生日時	現象	ランク	原因	応急処置	備考
XXX	7月15日	購買品の受入検査…	A	新規納入者△△社…	全数選別して…	再発防止対策書 XXX-XX
…	…	…	…	…	…	…

替品の提供などにより異常発生時の製品を取り除き、不適合品かどうかの判定を行う。また、サービスの場合には、作業を停止し、当該のサービスを受けていた人に対する緊急処置をとる。そのうえで、異常の発生原因を特定して、関連するプロセスの条件を元の状態に戻す必要がある。このような応急処置については、あらかじめ起こり得る異常を想定したうえで、それぞれの場合にとるべき行動を標準として定め、教育・

訓練しておくことが大切である。

3.9 異常の原因追究・再発防止

　異常が発生した場合には、その原因を追究し、原因に対して対策をとり、再発を防止する必要がある。再発防止に効果的であることが確認できた対策は、標準書の改訂、教育・訓練の見直しなどを行い、継続されるようにする。

　異常の原因を追究する場合には、プロセスを調べ「通常と異なっていたのは何か」を調べることが重要である。この際、

① いつ異常が発生したか

② どのようなタイプの異常か(単発型、継続型、傾向型、周期型など)

に関する情報を有効に活用することが大切である。例えば、異常がある日時に発生したとすれば、原因はその時期にプロセスに対して行われたことと関連が深いと考えられるので、担当者の交代、設備の点検・保守、部品・材料の切り換えなどの実施記録を見直すことによって原因の絞り込みが可能となる。同様に、繰り返し同種の異常が発生していると見なせる場合には、その周期と対応するプロセスの変化は何か考える。また異常のタイプ(管理図、管理グラフにおける形)についていえば、一時的に起こるが長続きしない単発的な異常は、担当者の不注意や異物の混入によると考えられ、標準が整備されていない、教育訓練が行われていないなどの問題であることが多い。他方、一度起こると引き続き同じ異常を呈するような継続的な異常や、時間の経過とともに次第に異常の度合いが大きくなるような傾向的な異常は、設備の故障や部品・材料ロットの変質・変動に起因する可能性が高い。このような検討を行うことで、短時間で異常の原因を突き止めることができる。

3

日常管理の進め方

　プロセスの立上げ段階などで異常が多いときには、すべての異常を一律に取り扱うと原因追究・再発防止が困難になる。このような場合には、ランク分けを考え、個別的に再発防止を行う必要があるもの、まとめて再発防止を検討するものを区分することを考える。

　異常を引き起こしているマネジメントのまずさ(組織要因)を追究する際には、「なぜ」を自問自答して繰り返すことが有効である。この場合、**図 3.20** に示す原因追究フローが役立つ。このフローは標準化として行うべきことを念頭において、

① 標準がなかった場合
② 標準があったが標準どおり行わなかった場合
③ 標準があり標準どおり行った場合

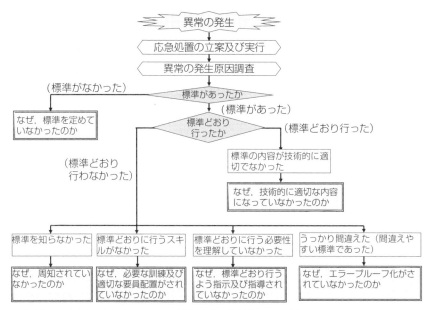

出典)　JSQC-Std 32-001：2013、「日常管理の指針」、p.24、図 13

図 3.20　異常原因をまとめて解析する場合の原因追究フロー

に大別するという考え方で構成されている。このフローに従って職場で発生しているさまざまな異常を分類することでどの区分が多いかを明らかにし、そのうえで当該の区分に焦点を絞って組織要因をさらに掘り下げることで、職場としての取組みの弱い部分を明らかにできる。例えば、「標準がなかった」が多い場合にはなぜ標準を定めていなかったのかを追究する。また、知らないが多い場合にはなぜ周知されていなかったのかを、「うっかり間違えた」が多い場合にはなぜエラープルーフ化がされていなかったのかを追究する。このように、異常と 3.2 〜 3.6 節で述べた標準化の取組みを対応付けることで、自分の職場における標準化の弱みを明らかにし、レベルアップを図ることができる。

　①の「標準がなかった」というのは、異常の発生に関係する要因系の条件を一定に保つためのノウハウが職場または組織でわかっていたにもかかわらず標準が定められていなかった、という意味である。したがって、この判定を正しく行うためには、

　ⅰ)　異常の発生に関係する要因系の条件は何かを明確にしたうえで

　ⅱ)　その内容が現行の作業標準書に書かれているかどうか

　ⅲ)　当該の条件が重要なことが職場または組織においてわかっていたかどうか

を確認する必要がある。①に該当する異常が多い場合は、標準書を作成・改訂する取組みに弱さがあることになるので、3.3 節の内容を参考に見直しを行うのがよい。

　他方、②の標準書に書かれていたもののそのとおり行っていなかった場合には、「標準を知らなかった」、「標準どおり行うスキルがなかった」、「標準どおりに行う必要性を理解していなかった」、「うっかり間違えた」を切り分ける必要がある。このためには、標準どおり行わなかった担当者に、責任を追及するのが目的でないことを理解してもらったうえで、

　ⅰ)　当該のルールを知っていたか

ii) いつもはそのとおりできているか

iii) 異常発生時にルールを守るつもりで作業していたのか

の3つの質問をすればよい。すべての答えがYesなら、うっかり間違えたと判定する。それぞれのケースの見直しにあたっては、3.4〜3.6節を参考にするのがよい。

③の標準があり標準どおり行ったが異常が発生した場合は、当該のノウハウが職場または組織になかったということである。したがって、異常を「どのような領域のノウハウが不足していたのか」という点で分類し直し、弱点になっている領域を技術的に強化することを考えるのがよい。

コラム12 慢性的な不適合の原因追究と異常の原因追究

　異常と不適合を分けたほうがよい、という話をすると、「不適合について原因分析を行い、再発防止の取組みを行っているので、異常について原因追究を行い、再発防止の取組みを行うのは、ムダではないか」という人がいる。このような誤解は、慢性的に発生する不適合に対する原因追究と異常に対する原因追究のやり方が異なるということが理解できていないために起こっている場合が多い。

　慢性的に発生する不適合は、現行の要因系の条件が適切なものに設定されていないために発生する。このため、現行の条件におけるプロセスのふらつき・変化を追いかけても原因はわからない。発生している不適合についてパレート図を作成して重要な不適合に焦点を絞り、徹底的な現状把握を行うとともに、原因と結果の関係に関する仮説を特性要因図等により整理し、可能性が高い要因を実験や調査により検証し、その結果をもとに最適な要因系の条件を見つける必要がある。不適合の内容にもよるが、一般に、このような改善活動を行うには、短くても数カ月かかるのが普通である。

　他方、異常の原因追究では、発生の日時や異常のパターンをもとに、プロセスにおいてふらついた、変化した条件を探す。このため、短時間で原因となったプロセスの条件が判明する場合が多い（ただし、当該の条件がなぜ動いたのか、似たようなことが何度も起こらないようにするのにはどうすればよいかを検討するのには時間を要する）。

　上で述べたような原因追究のやり方の違いが理解できれば、異常に対してパレート図や特性要因図を書いて実験・調査を繰り返したり、慢性的に発生している不適合に対してプロセスにおいて変化した条件を探したりするのが、不合理であり、極めて効率の悪いマネジメントであると納得できる。

4

日常管理の実践

4.1　日常管理における管理者・経営者の役割

（1）　各職場の管理者・監督者の役割

　日常管理はやろうといえばすぐにできるものではない。また、一度できたと思っても、手を抜くとすぐに形骸化する。したがって、各職場の管理者・監督者は、メンバーと協力して第３章で述べた内容を継続的に実践するとともに、日常管理のための仕組み・ツールを整備・見直し、人の育成や職場風土づくりに力をつくす必要がある。

　実践にあたって最も大切な点は、標準化と異常の検出・処置は、日常管理を動かす両輪であるということである。片方だけ頑張ってもよい成果は得られない。両者を活発に行うことのできる職場をつくれるかどうかは、職場の管理者・監督者の行動次第である。

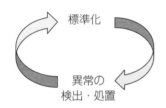

1)　日常管理のための仕組み・ツールの整備・見直し

　整備すべき日常管理のための仕組みやツールとしては、日常管理の進め方を定めた規定・指針、標準書の作成・改訂を支援するシステム、スキル評価のための基準やマップ、エラーモード一覧表やエラープルーフ化事例集、管理図や管理グラフを書くためのソフトウェアなどがある。これらの仕組みやツールについては定期的に見直すのがよい。見直しにあたっては、何のための仕組み・ツールなのかが理解されておらず活動が形骸化していないか、組織変更などに伴って実態との乖離が生じていないか、仕組み・ツール同士の関連性が不明確で十分効果を発揮していないことがないかに注意する。

2)　日常管理のための人の育成と職場風土づくり

　日常管理のための人の育成と職場風土づくりも、各職場の管理者・監督者の重要な役割である。メンバーに仕事の目的・意義を説明し、メン

バー一人ひとりの能力向上を支援し、全員参加による日常管理や小集団改善活動が行えるようにする。

　また、職場で何が起こっているのかに常に関心を払い、メンバーが標準に基づいて仕事ができているか毎日確認するとともに、メンバーの困りごとを吸い上げ、メンバーがやりにくいと思ったり、標準を守ることができなくなったりしていたら、解決に向けた処置をとることが大切である。異常に気付くのは、そのほとんどが第一線で作業をしている人である。この際、異常に気付いても上司に知らせることを怠る場合がある。異常に気付いた人がすぐに職場の上司に報告できるようにするためには、日ごろから、職場内でのコミュニケーションを図り、何でも気軽に上司に相談できる雰囲気をつくる必要がある。またこのためには、上司と部下の信頼関係の構築が何よりも重要である。上司からの挨拶、声かけは信頼関係の構築に極めて有効である。

(2)　上位の管理者・経営者の役割

　日常管理は第一線の活動であり自分の役割ではない、と思っている上位の管理者(複数の部門の管理者をたばねる職位の人、例えば、部長、事業部長など)や経営者が少なくない。しかし、日常管理が適切に行えていなければ、自分が担当している部門や組織がその使命を確実に果たすことが怪しくなる。また、経営環境の変化に応じた事業の見直し・革新は上位の管理者・経営者の役割の重要な役割であるが、これらと日常管理との整合性をとることは上位の管理者・経営者でなければ行えない。上位の管理者・経営者は、日常管理におけるこのような自らの役割を認識し、その職責を果たす必要がある。

1)　日常管理のための経営資源の確保

　日常管理のための経営資源(人、モノ、金、情報など)の確保は、上位の管理者・経営者の役割である。下位の管理者・監督者の意見・要望を

聞きながら、自分が統括している職場において行う必要のある日常管理の教育・訓練、標準化の推進、異常を検出する体制の整備、応急処置・原因追究・再発防止などを考え、そのために必要な経営資源を確保することが大切である。

2) 管理項目・管理水準の体系化

自分が統括する複数の職場の使命・役割と管理項目・管理水準を横断的に見て体系化することも、上位の管理者・経営者の役割である。下位の部門の使命・役割や管理項目・管理水準を見たときに「重複」がある場合には、どちらの職場が担当するかを決める。また、自組織の使命・役割に照らすと下位の職場の使命・役割や管理項目・管理水準に「抜け」がある場合には、抜けている部分をどの職場が担当するか決める。上位の管理者・経営者自身が組織全体の管理項目・管理水準を設定するときには、下位の職場の日常管理が適切に行われていない場合や複数の職場に共通的な要因がある場合に、それらが適切に検出できるように工夫する。場合によっては、上位の管理者・経営者と下位の職場の管理者が同じ管理項目を設定してもよい。ただし、この場合、同じ管理項目を同じ管理水準、同じ管理の間隔・頻度で見るのは意味がないので、管理水準または管理の間隔・頻度を変えるのがよい。

図 4.1 に、４つの課からなる製造部の例を示す。この例からもわかるように、日常管理の管理項目については、方針管理の方針(重点課題、目標、方策など)のように厳密な因果関係に基づく検討は必要ない。それぞれの職場で発生し得る代表的な異常が確実につかまえられるようになっていればよい。

下位の職場の管理項目において異常が検出された場合には、当該の職場の管理職はそれに対して自分の役割の範囲で適切に対応するとともに、必要に応じて上位の管理者・経営者に報告する。上位の管理者・経営者は、報告の内容を確認し、必要な場合には支援・指示・承認する。

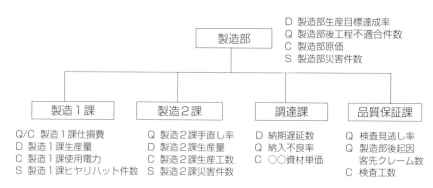

図4.1　4つの課からなる製造部の管理項目の例

なお、上位の管理者・経営者が下位の職場の管理項目を日常的に見て指示を出すと、下位の管理者が育たないので注意する必要がある。

　他方、上位の管理者・経営者の管理項目で異常が検出された場合には、下位の職場の関連する管理項目の状況を確認する。下位の職場の管理項目において異常が発生している場合には、当該の異常に対してどのような対応をとっているかを聞いて、必要な指導・支援を行う。下位の職場の管理項目では異常が起こっていないが、全体とすると異常になっている場合もある。このときは，共通的な原因がある可能性があるので、原因を追究し、適切な処置をとる。

3)　現場診断

　上位の管理者・経営者は、日ごろから自分が統括している職場において日常管理が適切に実践されているかどうかを見極めるために、それぞれの職場に出向いて自らの目で確認することが大切である（現場診断または現場巡回と呼ばれる）。例えば、管理項目が設定され見える化されているかどうか、管理グラフや管理図において異常が適切に判定されているかどうか、検出された異常に対して下位の管理者・監督者がどんなことを行っているのかなどを確認する。

　また、管理グラフ、異常報告書・異常処置一覧表などの書類だけではわからないような各職場の実態にも目を配る。例えば、安全な作業が行われているか、スムーズに作業が行えているか、メンバーが活き活きとして働いているかなどに気をつけるとともに、下位の管理者・監督者に困りごとや悩みごとがないかを絶えず把握し、相談にのって解決していく必要がある。職場を担当する管理者・監督者が、活き活きと元気よく働くことができない職場では、作業を担当する従業員の士気も下がり気味となり、思わぬトラブル・事故が発生する場合がある。さらに、作業を担当する従業員一人ひとりを直接激励することも、職場風土を形成するうえで重要である。問題に気づいた場合には、当該の職場の管理者・監督者の話をよく聞き、必要に応じて指導・支援を行う。

　管理グラフや管理図などで検出した異常や、職場を回って気がついたことについて具体的な議論を繰り返すことで、職場の現状に関する認識をお互いに深めることができるとともに、日常管理のありたい姿に対する組織全体の理解をより明確なものにすることができる。

4.2　日常管理の推進

（1）　日常管理のための教育と仕組み・ツールの整備

　日常管理を実践するのはそれぞれの職場である。しかし、各職場に任せているだけでは十分な推進ができない。このため、組織全体の日常管理の推進を計画し、実施することが大切である。

　推進にあたっては、日常管理を導入・展開・定着させるための推進計画を立案し、これに従って推進するのがよい。この際、導入期、展開期、運用期によって重点を変えることが大切である。表4.1に3つの期における推進の重点を示す。なお、日常管理をまったく行っていない職場はない。その意味では、どういう業務を行っており、どこまで標準化

表4.1 導入期・展開期・運用期における日常管理推進の重点

期	説明	推進の重点
導入期	日常管理の内容・意義を理解していない	• 推進者は管理の仕組み、その他基本事項について十分に熟知しておく。 • 日常管理推進のための体制など仕組みづくりを進める。 • 組織全体に日常管理に関する理解を浸透させるため、教育に重点をおき、成功例を作る。
展開期	日常管理を実践し、成果の出た部門がいくつかある	• 部門間における活動のばらつき、うまくいっている部分とうまくいっていない部分が明らかになるようにする。 • 活動の評価結果の分析とフィードバックに重点をおく。
運用期	一通りの日常管理が各部門で実施されている	• より安定した業務ができることを目指して、仕組みの問題点を顕在化させ、改善する。 • 仕組みの再構築(定期的な標準の棚卸しなど)、再教育(日常管理の意義など)に重点をおく。 • 各部門において日常管理の引き継ぎが標準に基づいて確実に行われるようにする。

出典) JSQC-Std 32-001：2013「日常管理の指針」、p.32、表9

できているのか、管理項目の考え方がどのくらい理解・実践できているのかなど、各職場における日常管理の現状を把握するところから始めるのがよい。

1) 日常管理の教育

　日常管理を浸透させるためには、組織のあらゆる階層の人に日常管理に関する教育を計画的に行う必要がある。特に導入期においては、日常管理の目的と意義を組織全体に周知することが必要不可欠である。また、日常管理の意義・内容は、日常の業務の中に埋もれて忘れられる傾向にあるため、日常管理の教育は一度行っただけでは十分でなく、繰り返し、継続的に行う必要がある。その意味で、展開期・運用期においても、組織全体への定期的な再教育を実施するのが効果的である。各階層に行うべき主な教育内容を**表4.2**に示す。

表 4.2　日常管理の主な対象者と教育内容

対象者	主な教育の機会	日常管理の教育内容	日常管理の基礎となるTQM の教育内容
役員	役員会議	• 日常管理の意義 • 日常管理におけるトップの役割 • 現場診断などの仕組み	• TQM の原則
管理職(部課長など)	管理者研修	• 日常管理の基本 • 日常管理の進め方 • 日常管理における上位管理者の役割	• TQM の原則 • 方針管理，小集団改善活動などの仕組みと実践・指導方法 • 改善の手順(問題解決法，課題達成法)
一般職	階層別研修(5 年次、10年次など)	• 日常管理の基本 • 日常管理の進め方	• 改善の手順(問題解決法，課題達成法) • QC 七つ道具などのQC 手法
新入社員	新入社員研修(集合教育)	• 標準の意義・見方 • 異常時の報告・連絡・相談の方法	• QC 的ものの見方・考え方 • 改善・管理の進め方

出典）　JSQC-Std 32-001：2013「日常管理の指針」、p.33、表 10

　日常管理の教育は、集合研修だけでは十分な効果を発揮しない。実例に基づく研修、日常業務の中での OJT・指導が必要である。また、これらの日常管理の教育が有効に働くためには、日常管理の基礎となる TQM の教育が必要である。表 4.2 にはこれらも合わせて示してある。

2)　日常管理のための仕組み・ツールの整備

　教育をより効果的なものにするためには、日常管理のための仕組みを整備する必要がある。日常管理のための仕組みは、基本的に職場ごとに個別に考えてもよいが、組織全体で整備しておくほうがよいものもある。例えば、日常管理の進め方を規定・指針などに定めて展開するのがよい。また、各職場が使用する標準については、容易に制定・改訂が行えるように、重複や矛盾がないことが簡単に確認できるように、全体の

4

体系を定め、様式を統一しておくのがよい。そのうえで、各職場で定めた標準を登録してもらい、関係する他の部門が容易に検索・閲覧できるようにしておくのがよい。スキルを評価するための基準やスキルマップなどの仕組みについても、同様に共通の枠組みを作っておけば、複数の職場の間での情報共有が容易に行える。

さらに、日常管理を効率的に進めるには、適切なツールも必要になる。例えば、データをとって管理図にプロットする場合、データの電子化や管理図を書くためのソフトウェアが整備されていないと工数がかかる。このような日常管理のための仕組みやツールの必要性を明確にし、タイムリーに導入することが大切である。

3)　日常管理の意義・効果を実感する

日常管理を推進する場合、職場で行われている全部の業務について一律に進めるよりも、一つの業務に重点を絞って日常管理の意義・効果を実感してもらうことを優先させるとよい。例えば、グラフなどを用いて業務の結果を見える化し、よい場合と悪い場合の条件の違いを考えさせ、よい結果が得られるような標準を作成・活用することで突発トラブルが少なくなり、業務が安定して行われるようになることを実感してもらうなどである。

(2)　日常管理のレベル評価と相互研鑽

日常管理が組織の中にある程度浸透してくると、進んでいる職場と遅れている職場が出てくる。このような状況においては、進んでいる職場のレベルをさらに上げることに加え、遅れている職場が進んでいる職場の取組みを学べるようにし、組織全体の全体の底上げを図ることが大切になる。

相互研鑽を加速するためには、各職場の日常管理の実施状況について定期的・体系的な評価を行うことが役立つ。評価にあたっては、日常

管理による成果(業務の結果が安定して得られているか、異常が少なくなったか)だけでなく、その成果を出すための活動の状況も評価することが必要である。また、人によって評価がばらつかないよう評価基準を明確にするのがよい。日本品質管理学会などで作られている日常管理のレベル把握評価表を活用するのも一つの方法である[17]。表4.3に一部を示す。

　評価は自己評価が基本である。評価を行う場合には、現場での実施状況などの事実を確認し、その結果に基づいて判断する。これにより、それぞれの職場が自分の日常管理のレベルを自覚し、主体的に改善目標を設定できる。さらに、これに第三者による評価を組み合わせることにより、より客観性を増すことができる。評価結果については、レーダーチャートなどを用いて年度による進捗具合や職場間の相違をまとめ、各職場の強みと弱みを把握し、日常管理レベルを向上するためのデータとして活用する。また、組織全体の集計結果についても、全体的にレベルが高い項目・低い項目、職場間のレベルのばらつきが大きい項目などを把握し、今後の推進計画に反映する。

　レベル評価に加えて、各職場が他の職場が行っている日常管理のよいところを相互に学ぶための機会を設定するのがよい。例えば、複数の職場の関係者が集まる機会(会議、工場見学、研究会、発表会など)を活用して、特定の職場の日常管理の進め方を深く学ぶとともに、職場間の実施状況の比較などをテーマに意見交換を実施するのがよい。相互研鑽の機会を持ち回り式で定期的にもつことで、相互研鑽が促進され、組織全体の日常管理レベルの向上が期待できる。

　レベル評価の結果に基づいて、レベルの高い職場、レベルが著しく向上した職場、特筆すべき活動を進めている職場に対して表彰を行うのも効果的である。また合わせて、日常管理の実践において多大な貢献があった個人(異常を見つけることで重大なトラブル・事故を防いだ人な

表 4.3　日常管理の自己評価のための段階尺度（一部）

評価項目	評価基準				
	レベル 1	レベル 2	レベル 3	レベル 4	レベル 5
適切な管理項目を設定しているか	管理項目を設定していない。	管理項目を設定しているが、業務・プロセスのアウトプットの質を評価する指標になっていない。	管理項目を設定しており、業務・プロセスのアウトプットの質を評価する指標になっている。しかし、業務・プロセスの特徴を考慮した工夫が十分でなく、異常を検出する上で役に立たない場合が多い。	管理項目を設定しており、業務・プロセスのアウトプットの質を評価する指標になっている。業務・プロセスの特徴を考慮した工夫がなされており、異常の検出に役立っている。ただし、異常の発生が早期に検出できるものになっていない場合がある。	管理項目を設定しており、業務・プロセスのアウトプットの質を評価する指標になっている。業務・プロセスの特徴を考慮した工夫がなされており、異常の発生が早期に検出できる工夫がされており、異常の検出に大いに役立っている。
管理水準を明確にしているか	管理水準を設定していない。	中心値と管理限界からなる管理水準を設定しているが、通常達成しうる水準になっていない。	管理水準を、経験などの集約により通常達成しうる水準を目指して設定している。しかし、統計的なばらつきを適切に考慮しておらず、異常の見逃しや異常でないものの検出がある。	管理水準を、データをもとに統計的なばらつきを考慮して設定しており、異常の検出に役立っている。ただし、品質の切り替えや環境の変化などの業務・プロセスに関する変更・変化を適切に考慮できていない場合がある。	管理水準を、データをもとに統計的なばらつきを考慮して設定している。また、品種の切り替えなどの業務・環境の変化などの業務・プロセスに関する変更・変化を適切に考慮しており、異常の検出に大いに役立っている。

出典）　JSQC-Std 32-001：2013「日常管理の指針」, pp.35-38, 表 11 から抜粋

4

日常管理の実践

表 4.3　日常管理の自己評価のための段階尺度（一部）（続き）

評価項目	評価基準				
	レベル 1	レベル 2	レベル 3	レベル 4	レベル 5
異常の見える化の工夫をしているか	管理図や管理グラフなどを作成しておらず、異常の発生の見える化がわからない。	管理図や管理グラフを作成しているものの、掲示しておらず、異常の発生が全員にわかるようになっていない。	管理図や管理グラフを作成し、掲示している。しかし、図・グラフの書き方や色等が工夫できておらず、異常かどうかが一目でわかるようになっておらず、異常を見逃している場合がある。	管理図や管理グラフを作成し、掲示している。また、図・グラフの書き方や色等を工夫し、異常かどうかが一目でわかるようになっている。ただし、異常報知装置など、図・グラフ以外の見える化が十分ではない。	管理図や管理グラフを作成し、よく見えるところに提示している。また、図・グラフの書き方や色等の工夫に加え、異常報知装置なども適切に活用することで、異常の発生が部門の全員にすぐにわかるようになっている。
管理項目を登録しているか	管理項目を登録するという考え方がない。	QC工程表や管理項目一覧表を作成しているが、異常の判定や異常が検出された場合の処置に責任を持つ人などが曖昧になっている。	QC工程表や管理項目一覧表を作成し、異常が検出された場合の処置に責任を持つ人などを明確にしている。しかし、対応する標準や点検項目との関連が曖昧で、異常を押さえ込むものに制を明確にしたものになっていない。	QC工程表や管理項目一覧表を作成し、異常の判定や異常が検出された場合の処置に責任を持つ人などを明確にしている。また、対応する標準や点検項目との関連も明確で、異常を押さえ込むのに制を表すものになっている。ただし、これをもとに抜けや重複について十分検討できていない。	QC工程表や管理項目一覧表を作成し、異常の判定や異常が検出された場合の処置に責任を持つ人などを明確にしている。また、対応する標準や点検項目との関連も明確で、異常を押さえ込むのに制を表すものになっており、これをもとに抜けや重複について十分検討している。

出典）JSQC-Std 32-001：2013「日常管理の指針」, pp.35-38, 表 11 から抜粋

4

日常管理の実践

ど）を表彰するのもよい。

コラム13　マネジメントシステム認証制度と品質賞

　組織が日常管理やTQMに取り組むことを後押しする社会的な制度としては、マネジメントシステム認証制度と品質賞がある。

　認証制度は、適合性認証（基準に定められた内容に合致しているかどうか評価し、満足すべき場合にはそのことの証明を与えること）の実施について、手続きおよび運営に関する独自の規則をもつ制度である。製品・サービスの性質や性能などを対象とする製品・サービス認証制度、マネジメントの仕組みを対象とするマネジメントシステム認証制度（MS認証制度）などがある。例えば、JISマーク制度は製品・サービス認証制度の例であり、QMS認証制度、EMS認証制度、ISMS認証制度などはMS認証制度の例である。

　認証制度の第一の目的は、外観だけで製品やサービスの性質や性能などを判断できない場合に、その作り方・提供の仕方を含めてあらかじめ定められた標準に合っているかどうかを評価し、そのことを示すマークなどを表示することで、顧客が安心して購入できるようすることである。また、製品取引の範囲が広がるにつれて、個々の取引ごとに製品を評価していたのでは煩雑となるが、統一的に定められた標準に合っているかどうかまとめて評価し、個々の取引ではその結果を信用してお互い手間を省くようにすれば大幅な効率アップとなる。さらに、認証制度による評価結果が優秀な企業であることの証明として社会的に認められている場合には、組織に対して、より高い顧客・社会の満足をめざし、効果的なマネジメントの仕組みを確立する動機付けとなる。

　これに対して品質賞は、組織における製品・サービスの品質／質にかかわる活動・成果を評価し、その優れた面を表彰することで、当該組織における活動の一層の促進と、品質／質にかかわる活動の社会的普及を

ねらいとする、独自の枠組み・規則をもつ制度である。代表的なものとしては、デミング賞、MB賞（マルコム・ボルドリッジ国家品質賞）、EFQM賞（欧州品質財団賞）、日本品質奨励賞などがある。

　品質賞の意義は、顧客・社会のニーズを満たす組織の取組みの優れた面を評価し伸ばすこと、組織における活動の統合化と総合化を促進し新しい方法論が生み出される手助けをすること、活動に対する社会の関心を高めること、他の組織にベンチマークを提供すること、製品・サービスの品質／質に関する活動・成果を普及することなどである。

　MS認証制度と品質賞の違いを模式的に表すと**図4.2**のようになる。MS認証制度ではすべての認証組織が定められた一定の要求事項を満たすことが求められる。その意味では、すべての組織が共通に満たすべき最低限の条件を要求事項として定め、これが満たされているかどうかを評価する制度といえる。他方、品質賞は、それぞれの組織の経営理念、

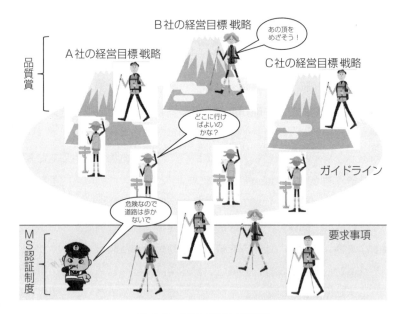

図4.2　MS認証と品質賞

めざしたい姿、置かれている経営環境が異なっており、それらに応じた
独自の経営目標・戦略を策定し、その達成をめざしてマネジメントを実
践するのがよいという考え方のもと、各組織の優れた面を表彰すること
で、より特徴のある活動が生み出されたり、他の組織へ活動が普及し
たりすることを支援している。その意味では2つの制度は自組織の状
況に応じて適切に組み合せて使うべきもの、使い分けるべきものといえ
る。

4.3　品質賞受賞企業に見る日常管理の実践

　日常管理を含めた TQM の先進的な実践例は、デミング賞[44] などの
品質賞を受賞した組織の活動に数多く見られる。例えば、2014 年度か
ら 2020 年度までのデミング賞・デミング大賞受賞組織 30 組織の選考理
由の中から日常管理に関係しているものを拾ってみると、**表 4.4** のよう
になる[45]。これらの取組みの詳細については、受賞報告講演集を見て
いただくのがよいが、横断的に眺めると、いくつかの共通する成功のポ
イントがあるように思われる。以下で、そのポイント事例を通して解説
する。

（1）　あらゆる職場で実践する

　第一のポイントは、製造などの特定の職場だけでなく、営業、設計・
開発、サービス提供、管理・間接など、あらゆる職場で実践している点
である。標準化のやりやすさは職場によって異なるが、日常管理（標準
化、異常の検出・処置）の取組みはどのような職場であれ、自職場の使
命・役割を安定的に果たすうえでなくてはならない大切なものであるこ
とがわかる。

　例えば、**図 4.3** は、管理・間接業務についての自工程完結の取組みを

表4.4　デミング賞受賞組織に見る日常管理の実践例

キーワード	実践例
自工程完結、見える化	• スタッフ業務を含めた自工程完結のための標準の制定(2015) • "淀み"の見える化と自工程完結体制の確立(2016) • 問題を起こさない標準づくり、自工程完結の仕組みづくりによる日常管理の徹底と職場活性化(2018)
ばらつき、リスク、未然防止	• ロスを抑えばらつきを安定させる生産工法と設備の開発、自然災害リスクに対する製造・供給のバックアップ体制の構築(2015)
現場、現場力	• Mission Gemba の名称のもと、全員参加の改善活動と日常管理による現場力の向上(2016) • 日常管理と現場での改善を徹底(2017) • 種々の仕組みを活用した現場日常管理の徹底と現場力強化(2020)
仕組み・活動、組織文化変革	• 本社の枠組みに加え、独自の仕組み・活動(Process Reliability Rank Up、Job Ability など)を展開(2017) • 属人的活動から仕組みと標準化による活動への組織文化変革(2019)
変化への対応	• "ときめき"と"やすらぎ"の追求と変化対応力の向上(2016) • 需要予測精度の向上、多機能治具、多能工化など、柔軟な生産システムの実現に向けた販売会社・供給者との連携(2018) • さまざまな設備活用、仕組の構築による高い生産能力実現(2018)
非製造プロセスの標準化、IT活用	• IT を活用した情報システム(セリングシステム、CRM システム、市場ポートフォリオ分析システム)構築と体系的営業活動(2014) • 物流に伴う基本要件である安全確保，高付加価値化のための、ICT の戦略的な活用(アラートシステム、混載マネジメントシステム、貨物追跡システム)(2017) • 業務システム改革、社外との関係性管理、新製品の評価など、事業への貢献を強く意識した広く深い IT 活用(2017) • 営業力強化のための販売プロセスの管理と改善(商談プロセスの標準化、必要な知識の体系化、商談の質の管理)(2018) • 受注プロセスのシステム化、改善を促す機能をもたせた営業ツールなど、IT を活用した情報の一元化と共有による営業活動の強化(2018)
パートナなどと一体になった取組み	• 製造・販売・サービスをパートナに委託する体制の確立、顧客満足度を軸にした、パートナと一体になった業務の標準化(2014) • 顧客やサプライヤなど、サプライチェーン全体を巻き込んだ商品開発や品質・安全性の維持・向上(2015) • 支援・参画など、仕入れ先と一体となった生産体制の構築(2018)

注)　(　　)内の数字は受賞年度。

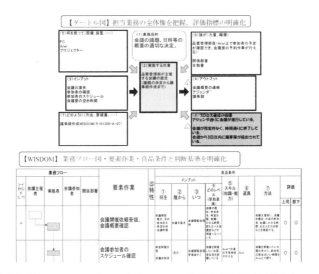

出典）　株式会社キャタラー：「2015年度デミング賞受賞報告講演要旨集」、デミング賞委
員会、2015年、p.70

図4.3　管理・間接業務における自工程完結の取組み

示したものである。この例では、品質部門が主催する会議についての業
務の全体像（目的、インプット、アウトプット、評価指標）をタートル
図により把握し、これをもとに、各人の果たすべき役割、プロセスフ
ロー、さらには各プロセスにおけるインプット、アウトプット、特性、
良品条件などを明確にしている。

　管理・間接の業務は、総務、経理、人事・労務、事業計画、品質保
証、生産管理、調達、TQM推進など、多岐にわたる。これらの業務
には定型業務と非定型業務（いままでに経験のない業務、想定していな
かった事象への対応など）が含まれる。定型業務については、この例の
ように第3章で述べた方法を適用するのがよい。また非定型業務につい
ても、マイルストーンを決め、マイルストーンの達成状況を管理項目に
することで計画の達成精度の向上を図り、日常管理として取り扱えるよ

うにすることが大切である。

　図4.4は、商談のプロセスを明確にするとともに、各プロセスにおけるインプット、アウトプット、そこで営業担当者に求められる能力を定めている例である。営業には、訪問営業、店頭セールス、ネット販売などのさまざまな形態があるが、顧客および代理店などの声を聞きながら、多様なニーズをもつ顧客への対応を場合に応じて行っており、個人の能力に依存して業務を行っている場合が多い。このため、プロセスの標準化があまり進んでいない。しかし、個々人が行っている営業活動を見てみると、いくつかの共通するステップや行動があり、また、成功したケースと失敗したケースを比較すると、成功したケースには一定のパターンを見つけることができる。したがって、これを標準として定め、守ることで営業目標を計画どおり達成する可能性が高くなる。業務

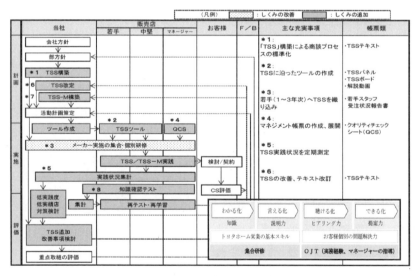

出典）　トヨタホーム株式会社：「2018年度デミング賞受賞報告講演要旨集」、デミング賞委員会、2018年、p.307

図4.4　商談プロセスの標準化、必要な知識の体系化

としては製品・サービスの説明、見積り、提案、契約、納品、代金回収
などがあるが、これらの流れ(プロセスフロー)を図に書き表す。そのう
えで、個々のプロセスについて、集めるべき情報(インプット)、次のプ
ロセスに引き渡すべき情報(アウトプット)、それぞれが満たすべき条件
をはっきりさせる。各プロセスを行う方法については、製造と異なり、
一つの標準を定めて守らせるのは適切でない。過去の成功・失敗をもと
に、顧客のニーズに応じた複数の方法を参考として示し、これらを柔軟
に活用できるようにするのがよい。また、このようなプロセスを行うう
えで重要となる営業員の能力(顧客のニーズを把握する能力、標準を柔
軟に活用できる能力など)を明確にし、計画的な育成を図るのがよい。

(2)　全員参加で取り組む

　第二のポイントは、職場の一部の人で行うことではなく、全員参加で
取り組む必要があることである。職場の一人ひとりが使命・役割を担っ
て業務を行っており、全員が関心をもって取り組まないと成果が得られ
ない。逆に、日常管理という枠組みがそのような取組みを促進する手段
として役立ち、それによって職場の活性化や風土改革につながってい
る。

　図 4.5 は "Mission Gemba" と呼ばれる活動の枠組みを示したもので
ある。基本的な考え方は、職場で働く全員に日常管理に参画してもらう
ことを目的に、日常管理のための小グループを編成する。そのうえで、
各グループは、それぞれの役割に応じて管理項目を決め、これを管理グ
ラフや管理図にして現場に設置されているボードに掲示する。そのボー
ドの前に当該のグループの担当者が全員集まって異常の有無、発生して
いる異常の原因や再発防止策を議論する。これは、同じ職場で働く人た
ちがチームを編成し改善活動に取り組む QC サークル活動の日常管理版
といえる。活動自体としては単純であるが、これによって不安定だった

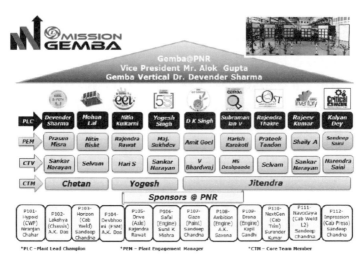

出典） アショック・レイランド社：「2016 年度デミング賞受賞報告講演要旨集」、デミング賞委員会、2016 年、p.52

図 4.5 全員参加による異常の検出と処置

管理項目が次第に少なくなり、QC サークルなどによる工程能力改善の取組みと相まって、後工程にとって重要な管理特性の大半について、異常の発生が少なく、工程能力のあるものにすることができている。また、このような取組みを通じて、一人ひとりが標準化や異常の検出・処置の大切さを自分の成功体験を通して理解し、さらに積極的に関わるようになっている。

　全員参加を実現するという目的で、QC サークル活動を導入し、実践している職場は多いが、ややもすると改善活動に取り組み、その体験を発表・報告する活動に限定して捉えられているように思われる。しかし、改善と維持向上はプロセス重視、PDCA サイクルの原則に従って行動できる組織をつくるための重要な 2 つの活動であり、どちらかが欠けてもうまくいかない。その意味では、日常管理の体験を発表・報告し、相互に学べるような場をつくることを考えていくことも必要ではな

かろうか。

（3）　小集団改善活動と合わせて実践する

　第三のポイントは、組織が変化に対応する・変化を生み出していくためには、日常管理だけでは不十分で、小集団改善活動、しかも複数タイプの活動（QC サークル活動、チーム改善活動など）と同時に実践することで大きな効果を発揮していることである。**図 4.6** は、TQM を日常管理、方針管理、改善活動からなると単純に捉えて推進している会社の例である。「改善に大きいも小さいもない、よりよくする活動はすべて改善である」と考え、改善活動を、職場ごとの改善活動、複数職場の連携で行われる改善活動、全社的に取り組む改善活動の大きく 3 つに区分けしている。また、改善活動はよりよくするための活動ということで、組

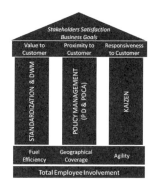
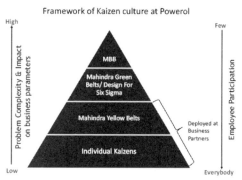

注）　Individual Kaizens：各職場のチームメンバーによって行われる小集団改善活動。
　　　Mahindra Yellow Belt（MYB）：QC ストーリーのような体系的な問題解決アプローチを用いた、難しい、大きな影響のある、複数部門にわたる問題の解決。
　　　Mahindra Green Belt（MGB）、Design for Six Sigma（DFSS）お よ び Mahindra Black Belt（MBB）：高度な統計的な手法を活用し、全社レベルの課題に取り組むために設けられたプロジェクト。

出典）　マヒンドラ・マヒンドラ社：「2014 年度デミング賞受賞報告講演要旨集」、デミング賞委員会、2014 年、p.120、p.122

図 4.6　さまざまな小集団改善活動の推進

織として取り組むべき問題・課題を明らかにする活動である方針管理と
密接に結びつけている。すなわち、方針の展開と職場ごとや職場横断で
行っている改善活動とのつながりを明確にしている。

　それぞれの職場では、小集団改善活動と日常管理とが平行して行われ
ることになるが、この場合、職場における重要な管理特性を明確にした
うえで、それぞれの管理特性について、

　①　安定さ（異常の発生しやすさ）が十分かどうか

　②　要求事項を満たす能力（不適合の発生しやすさ）が十分かどうか
を区別し、それぞれに対応した取組みを行うことが大切である。多くの
異常が発生しており安定さが不十分な特性については、日常管理の取組
みを徹底して行う一方、多くの不適合が発生しており要求事項を満たす
能力が不十分な特性については、適切なチームを編成して小集団改善活
動を行う。このような切り分けを行うことで、要求事項をもった、安定
なプロセスが得られることになる。

　もう一つ重要なのは、日常管理や小集団改善活動への参画を促すため
には、組織としてめざす姿が共有されていないとうまくいかないとい
う点である。このため、表 4.4 で示したような組織においては、タスク
チームを編成したり、従業員と直接話し合ったりしながら、自組織の経
営理念と経営環境の変化を踏まえて事業のめざしたい姿を経営目標・戦
略として定めている。そのうえで、この経営目標・戦略の達成をめざし
て年度ごとの方針を展開することで小集団改善活動を推進するととも
に、改善活動を通して得られたノウハウをもとに日常管理を実践してい
る。

（4）　日常管理の難しさを克服するために IT を活用する

　第四のポイントは、必要な日常管理を行えるようにするために、IT
を積極的に活用していることである。小集団改善活動が活発に行われる

ようになるにつれてプロセスに関するノウハウがどんどん増えてくる。これに伴って、業務はどうしても複雑になる。例えば、不適合の解析・対策が進むほど、作業標準書の守るべき急所・ポイントは増える。また、顧客や社会のニーズの変化・多様化に伴って生産、販売、サービス提供のプロセスを柔軟に適応させることが必要になる。さらに、このような変化に伴って業務で取り扱わなければならない情報の量も次第に多くなる。したがって、効果的・効率的に日常管理を行うためには、ITの活用が不可欠になってきている。

　図4.7は、物流管理を行っている会社において、安全確保・高付加価値化のためにITを戦略的に活用している事例である。図4.7の上段に示されているような、過去に発生した事故の分析を通して、事故が発生する典型的な状況を特定したうえで、GPSを用いて約1万台のトラックや船の状況を監視し、危険な状況にある場合には運送会社と協力・連携して運転手に注意を促す仕組みを構築している。結果として、事故の大幅な減少を達成するとともに、顧客に約束した配達日時を確実に守ることができるようになっている。

　ここで気をつけなければならないのは、ITを活用することが目的ではなく、日常管理、すなわち標準化や異常の検出・処置における難しさを克服し、必要なことができるようにすることが目的である点である。したがって、当該の職場において日常管理として何を行う必要があるのか、それを行おうとしたときに何が難しいのかを理解することが、ITを適切に活用する第一歩である。これは、小集団改善活動、方針管理、品質マネジメント教育、新製品・新サービス開発管理やプロセス保証にITを活用する場合も同じである。

　ところが、ややもすると、ITを活用すれば解決できるだろうと安易に考え、業務を行うプロセスについて十分検討していないため、ITを効果的・効率的に活用できていない場合が少なくない。その意味で、表

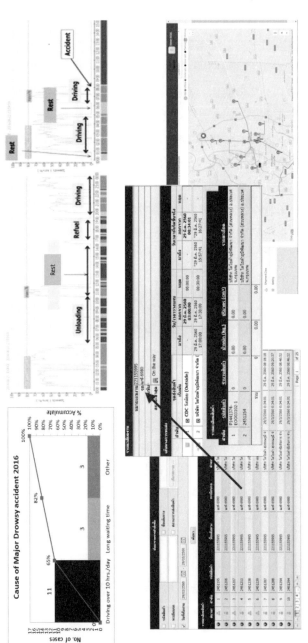

図 4.7 安全確保・高付加価値化のための IT の戦略的活用

出典）SCG ロジスティック・マネジメント社：「2017 年度デミング賞受賞報告講演要旨集」、デミング賞委員会、2017 年、p.30、p.35、p.39

4.4 の IT 活用の事例を参考にする場合、それと平行して顧客・社会の
ニーズを満たすために、プロセスに対する改善・革新、維持向上の取組
みが活発に行われていることを見落とさないようにするのがよい。

(5) 顧客やパートナと一体になって取り組む

第五のポイントは、さまざまな取組みを行う場合、自組織だけでは限
界があり、関連会社、サプライヤや販売店などのパートナ、さらには顧
客との連携を深めていることである。社会が成熟するにつれて、顧客は
ものではなく、自分の行いたいことができることを求めるようになる。
このようなニーズの変化に対応して、多くのメーカーがものづくりから
コトづくりへシフトしている。また、必要なシーズ(ノウハウ、リソー
スなど)が、自組織にない場合も多く、関連会社、サプライヤや販売店
などのパートナと連携することが求められている。したがって、顧客、
パートナなどが行っているプロセスまで踏み込んで、日常管理や小集団
改善活動を行うことが必要になっている。

表 4.4 の事例を見ると、めざしたい事業の姿を経営目標・戦略として
共有したうえで、TQM の原則を共通の価値観とし、連携して日常管理、
方針管理、小集団改善活動、品質マネジメント教育、新製品・新サービ
ス開発管理、プロセス保証に取り組んでいることがわかる。

顧客やパートナと一体になった活動を進める場合、活動をどれだけ
単純化できているかが重要となる。図 4.6 の例では、TQM を日常管理、
方針管理、改善活動の 3 つに単純化して推進していることを説明した
が、単純化することで、業務の内容や職場の特性に左右されず、共通の
活動を展開することができる。また、このような経験を通してお互いの
理解が深まる。特定の職場に合った活動を模索することは新たな方法を
生み出すうえで大切なことであるが、これだけにこだわると、特定の職
場、特定の職位の人の活動となり、連携による強みを引き出せない。そ

れぞれの職場に応じた最適な形態を追い求めると同時に、本質は何かということを考え、本質を守ったうえで、それぞれの職場の特性に応じた形に変えていく柔軟さを忘れないことが大切である。日本人は細かいところ、形にこだわりすぎるところがあるので、特に注意が必要である。この点では、海外の取組みが大いに参考になる。

　本節ではデミング賞受賞組織における実践例をもとに、日常管理の先進的な取組みについて紹介した。日常管理の内容は、経営環境の変化に伴って今後もどんどん進化していくと考えられる。

　ただし、経営環境が大きく変化する中、組織が、顧客や社会のニーズに合った製品・サービスを自組織のシーズを活用して提供し、価値を創造し続けるためには、あらゆる職場において、あらゆる職種・職位の人が、顧客指向、プロセス重視とPDCAサイクル、全員参加と人間性尊重などの原則に基づいて、維持向上、改善・革新、価値創造・品質保証の活動を実践できるかどうかが重要な要件であり続けるのは間違いない。

　また、これらの活動を実践できる能力をもった組織をつくりあげるうえで、日常管理、さらには方針管理、小集団改善活動、品質マネジメント教育、新製品・新サービス開発管理、プロセス保証を含めたTQMを推進することが有効なことは変わらないと思われる。

　一つでも多くの組織が、第1章で説明したトラブル・事故・不祥事が発生するメカニズムを防ぐうえで、第2～4章で解説した日常管理やTQMが果たす役割を認識し、自組織の経営目標・戦略を達成するための独自の取組みを展開していくことを期待したい。本書がそのような取組みの一つの道標となれば幸いである。

コラム14 デミング賞における受賞の3条件

デミング賞は、TQMを実施して顕著な業績の向上が認められる組織に対して授与される年度賞であり、日本において品質管理を普及・発展させる大きな力となった。自律的な経営を行っている組織であれば、公・私企業、業種、規模の大小、国内・海外を問わず、応募できる。1951年の創設以来、のべ約300組織が受賞している。

デミング賞を受賞できる組織は次の3条件を満たす組織である。

A) 経営理念、業種、業態、規模及び経営環境に応じて明確な経営の意思のもとに、積極的な顧客指向の、さらには組織の社会的責任を踏まえた経営目標・戦略が策定されていること。また、その策定において、首脳部がリーダーシップを発揮していること。

B) A)の経営目標・戦略の実現に向けてTQMが適切に活用され、実施されていること。

C) B)の結果として、A)の経営目標・戦略について効果をあげるとともに、将来の発展に必要な組織能力が獲得できていること。

この3条件の背後には、一つひとつの組織のおかれている状況は異なっており、それぞれの状況に適した経営目標・戦略を定め、その達成をめざしてユニークなマネジメントを実践することが大切であるという思いがある。

A)でいう経営目標・戦略は、経営理念や経営環境の変化を踏まえて3～5年先の事業の具体的な到達点とその実現のための手段を定めたものである。これには、経営目標・戦略を達成するうえで中核となる事業の構想(ニーズとシーズを結びつけて価値を創造するモデル)が含まれる。

他方、B)では、A)を実現するための課題・問題を抽出し、それらの課題・問題を達成・解決するうえで不足している組織能力を明確にする。ここでいう組織能力とは、特定の活動を行うことのできる力であ

る。特定の活動には、事業の計画・運営、企画、設計開発、調達、製造、物流、販売、サービス、人事、財務などの機能別の活動、および品質管理、コスト管理、量・納期管理、環境管理、安全管理などの横断的なマネジメント活動が含まれる。必要な組織能力を獲得するために、当該の組織能力とTQM活動要素（日常管理、方針管理、小集団改善活動、品質マネジメント教育、新製品・新サービス開発管理、プロセス保証）との関係をもとに、TQM活動要素の望ましい姿を明らかにし、その実現のためのTQM推進計画を立て、実施する。

　さらにC)では、B)におけるTQMの実践結果をもとに、経営目標・戦略、組織能力およびTQM活動要素の一貫性を診断し見直すことで、TQMが経営目標・戦略の達成をより有効に支援するものになるようにする。また、経営理念や経営環境の変化に照らして、経営目標・戦略を見直す。

　このようなデミング賞への挑戦の中から、管理項目一覧表、QC工程表、工程能力調査、方針管理、機能別管理、品質保証体系図、品質機能展開など、現在のTQMにおいて活用されている数多くの新しい方法論が生み出されてきた。

引用・参考文献

[1]　ジェームズ・リーズン著、塩見弘監訳、高野研一・佐相邦英訳：『組織事故』、日科技連出版社、1999 年

[2]　小松原明哲：『ヒューマンエラー(第 3 版)』、丸善出版、2019 年

[3]　中條武志：「ヒューマンエラー事例の分類に基づく作業管理システムの評価」、『品質』、Vol.23、No.3、pp.309-317、1993 年

[4]　芳賀繁：『失敗のメカニズム』、角川書店、2003 年

[5]　飯田修平、永井庸次：『医療の TQM 七つ道具』、第 12 章　MIBM(まぁいいか防止メソッド)、日本規格協会、2012 年

[6]　新郷重夫：『源流検査とポカヨケ・システム』、日本能率協会マネジメントセンター、1985 年

[7]　日本品質管理学会監修、中條武志著：『〈JSQC 選書 No.11〉人に起因するトラブル・事故の未然防止と RCA』、日本規格協会、2010 年

[8]　細島章：「生産ラインのヒヤリハットや違和感に関する気づきの発信・受け止めを促進するワークショップの提案」、『品質』、Vol.46、No.3、pp.311-321、2016 年

[9]　エドガー・H・シャイン著、清水紀彦・浜田幸雄訳：『組織文化とリーダーシップ』、ダイヤモンド社、1989 年

[10]　中條武志・山田秀編著、日本品質管理学会標準委員会編：『マネジメントシステムの審査・評価に携わる人のための TQM の基本』、日科技連出版社、2006 年

[11]　日本品質管理学会監修、日本品質管理学会標準委員会編：『〈JSQC 選書 No.7〉日本の品質を論ずるための品質管理用語 85』、日本規格協会、2009 年

　　　日本品質管理学会監修、日本品質管理学会標準委員会編：『〈JSQC 選書 No.16〉日本の品質を論ずるための品質管理用語 Part 2』、日本規格協会、2011 年

[12]　JSQC-Std 33-001：2016「方針管理の指針」

　　　JIS Q 9023：2018「マネジメントシステムのパフォーマンス改善―方針管理の指針」

[13]　赤尾洋二編：『方針管理活用の実際』、日本規格協会、1988 年

[14]　JSQC-Std 31-001：2015「小集団改善活動の指針」

　　　JIS Q 9028：2021「マネジメントシステムのパフォーマンス改善－小集団改善活動の指針」

[15]　QC サークル本部編：『QC サークルの基本』、日本科学技術連盟、1996年

　　　QC サークル本部編：『新版　QC サークル活動運営の基本』、日本科学技術連盟、1997 年

[16]　日本品質管理学会　管理・間接職場における小集団改善活動研究会編：『開発・営業・スタッフの小集団プロセス改善活動』、日科技連出版社、2009 年

[17]　JSQC-Std 32-001：2013「日常管理の指針」

　　　JIS Q 9026：2016「マネジメントシステムのパフォーマンス改善－日常管理の指針」

[18]　Yukihiro Ando and Pankaj Kumar：*Daily Management the TQM Way*, Productivity & Quality Publishing Private Limited, 2011.

[19]　JSQC-Std 41-001：2017「品質管理教育の指針」

[20]　日本品質管理学会監修、村川賢司著：『〈JSQC 選書 29〉企業の持続的発展を支える人材育成』、日本規格協会、2019 年

[21]　JSQC-Std 22-001：2019「新製品・新サービス開発管理の指針」

[22]　日本品質管理学会編：『新版　品質保証ガイドブック』、日科技連出版社、2009 年

[23]　JSQC-Std 21-001：2015「プロセス保証の指針」

　　　JIS Q 9027：2018「マネジメントシステムのパフォーマンス改善－プロセス保証の指針」

[24]　日本品質管理学会監修、佐々木眞一著：『〈JSQC 選書 No.24〉自工程完結』、日本規格協会、2014 年

[25]　石川馨：『［第 3 版］品質管理入門』、日科技連出版社、1989 年

[26]　作業の標準化編集委員会編：『作業の標準化』、日本規格協会、1982 年

[27]　社内標準化便覧編集委員会編：『社内標準化便覧』、日本規格協会、1995 年

[28]　藤田彰久：『新版　IE の基礎』、建帛社、1997 年

[29]　永井一志・木内正光・大藤正編著：『IE 手法入門』、日科技連出版社、2007 年

[30]　横溝克己・小松原明哲：『エンジニアのための人間工学』、日本出版サービス、2013 年

[31]　森和夫：『現場でできる技術・技能伝承マニュアル』、日本プラントメンテナンス協会、2002 年

[32]　ライル・M. スペンサー・シグネ・M. スペンサー著、梅津祐良・成田攻・横山哲夫訳：『コンピテンシー・マネジメントの展開』、生産性出版、2001 年

[33]　中村聡・高倉宏：『〈品質月間テキスト No.424〉経営環境の変化に応じた独自の TQM 推進』、品質月間委員会、2017 年

[34]　中條武志：「情報の流れに着目した設計開発プロセスの標準化」、『品質』、Vol.35、No.2、pp.142-149、2005 年

[35]　新開晴仁・中條武志：「ソフトウェア設計における知識・スキルの不足による設計誤りの防止と教育・訓練の方法」、『日本品質管理学会第113 回研究発表会要旨集』、pp.109-112、2017 年

[36]　高年齢者雇用開発協会：「Web を活用した作業改善支援システムの構築に関する研究報告書」、第 2 部第 4 章　作業姿勢負担評価システムの構築、2001 年

[37]　Siemens Digital Industries Software："Process Simulate Human" https://www.plm.automation.siemens.com/global/ja/products/manufacturing-planning/human-factors-ergonomics.html　（2021 年 8 月閲覧）.

[38]　中條武志・尾辻正則・松倉辰雄：『〈品質月間テキスト No.314〉ポカミス防止実践マニュアル』、品質月間委員会、2002 年

[39]　中條武志・久米均：「作業のフールプルーフ化に関する研究—フールプルーフ化の原理—」、『品質』、Vol.14、No.2、pp.128-135、1984 年

[40]　塩見弘・島岡淳・石山敬幸：『FMEA、FTA の活用』、日科技連出版社、1983 年

[41]　中條武志・久米均：「作業のフールプルーフ化に関する研究—製造における予測的フールプルーフ化の方法—」、『品質』、Vol.15、No.1、pp.41-50、1985 年

[42]　中條武志：『こんなにやさしい未然防止型 QC ストーリー』、日科技連出版社、2018 年

[43]　中條武志：「フィードバック制御のある製造工程における管理特性」、

　　『品質』、Vol.25、No.4、pp.387-394、1995 年

［44］　デミング賞委員会：「デミング賞応募の手引き」、2021 年

［45］　デミング賞委員会：「デミング賞受賞報告講演集」、2014 〜 2020 年

索　　引

著者紹介

中條　武志(なかじょう　たけし)
中央大学理工学部ビジネスデータサイエンス学科　教授

【略歴】
1986年　東京大学大学院工学系研究科博士課程修了。工学博士。
1991年　中央大学理工学部経営管理工学科専任講師を経て、1996年より現職。
　開発・生産・サービス提供におけるヒューマンエラーの防止、総合的品質管理(TQM)、潜在ニーズの把握に関する研究などに従事。

【主な公職】
　日本品質管理学会フェロー、品質マネジメントシステム国際規格委員会委員長、デミング賞審査委員会委員。

【主な著作】
　『人に起因するトラブル・事故の未然防止とRCA』、『ISO 9004：2018(JIS Q 9004：2018)解説と活用ガイド—ISO 9001からISO 9004へ、そしてTQMへ』(以上、日本規格協会)、『マネジメントシステムの審査・評価に携わるためのTQMの基本』、『こんなにやさしい未然防止型QCストーリー』(以上、日科技連出版社)など多数。

日常管理の基本
トラブル・事故・不祥事の防止

2021 年 12 月 28 日　第 1 刷発行

著　者　中條　　武志

発行人　戸羽　　節文

検　印
省　略

発行所　株式会社 日科技連出版社

〒151-0051　東京都渋谷区千駄ケ谷 5-15-5
DS ビル

電話　出版 03-5379-1244
　　　営業 03-5379-1238

印刷・製本　㈱中央美術研究所

Printed in Japan